Google
Apps Script

雲端自動化
與動態網頁實戰

第二版

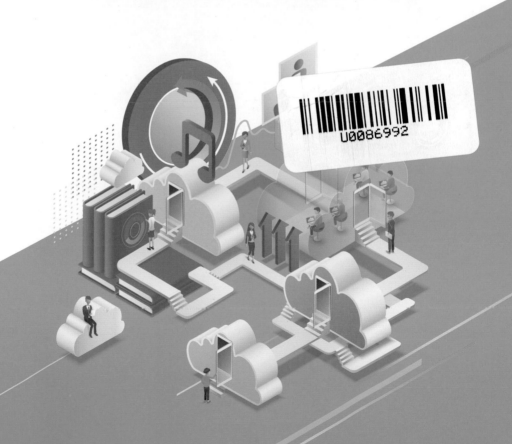

序

不論是大、中、小企業，許多時候都要花上一定的人力資源以及時間去處理常態或重複性的工作，且在不考慮這些工作難易度的情況下，也會在不知不覺中失去許多寶貴時間。

隨著日新月異的資訊技術，利用網際網路來支援工作流程管理並發揮工作內容的整體效益已是正在進行的一股趨勢。無論是何種規模企業，多數都希望藉由某種系統來完成管理與溝通協調的工作，甚至可協助執行重複性的工作，以減少相對的人力、時間與溝通等成本，使每人能撥出更多時間來從事成長性更高的工作進而提高自身的工作產能。然而，要建置這類系統，不外乎就是採購軟體或自行開發兩種方式，但購買軟體就必須考量價格問題；若自行開發則要考量公司是否具備該能力。

因此，本書以減少常態性與重複性的工作流程作為範例的規劃，利用容易取得的 Google 帳戶與其應用程式作為自動化流程的基底。範例均以 Google 試算表為主，加以搭配其它 Google 應用程式，開發出符合自身需求的自動化系統，藉此減少常態性與重複性工作。由於範例均以 Google 試算表為主，故在資料的新增、維護、刪除，以及在統計與報表產生也較為容易。

呂國泰、王榕藝

目錄

1   初步認識 Google Apps Script

在進入專案開發之前，必須先認識 Google Apps Script 的開發環境與相關資訊，同時理解為何本書會以 Google 試算表作為每個範例的出發點。

2   Google Apps Script API

了解如何透過 Google Apps Script 的 API 來與 Google 試算表進行連接、編輯 Google 試算表的行列，以及取得儲存格與寫入儲存格等動作，最後則了解如何設定觸發器與部署為網路應用程式等功能。

3　全自動多國語言翻譯機

結合 Google 的翻譯與語音功能，使在 Google 試算表的儲存格中直接輸入所要翻譯的詞彙或句子後就能自動翻譯出多國語系並附帶語音連結。藉此，可製作自己專屬的學習或常用詞彙翻譯清單。

4　自動發信系統：以生日祝福為例

當每日所指定的時間一到，程式會自動比對 Google 試算表中每筆資料的生日欄位資訊，若符合當天日期時，則會自動寄送生日祝福的信件至該筆資料的電子信箱中。藉此，只要建立一次資料後，每年就再也不用擔心忘記給他人生日祝福了。

5　團隊開會日曆

在 Google 試算表中建立開會的相關訊息及參與者的信箱後，點擊自定義的按鈕就可將該訊息自動建立於 Google 日曆中，同時也會寄送邀請到參與者的電子信箱。與直接在 Google 日曆中建立開會訊息與邀請參與者相比之下，透過 Google 試算表更能輕易的建立與掌握每次開會資訊。

6　檔案下載列表

將要分享給他人下載的檔案都放置在指定的雲端資料夾內，透過 Google 試算表將資料夾內的所有檔案資訊寫入其中。最後將 Google 試算表中的每筆檔案資訊轉換成網頁中的下載連結。藉此，方便他人直接透過網頁就能下載檔案，爾後不用再前往雲端資料夾下載檔案了。

7　檔案上傳：以研發部 - 內部檔案上傳系統為例

於網頁中自行製作上傳表單,且表單中所填寫的資訊都會新增於 Google 試算表,此時除了可在 Google 試算表中查看到每筆上傳的資訊外,程式也會將上傳的檔案連結網址轉為可被直接下載的網址,使在 Google 試算表中就能直接下載檔案。藉此,對於單位主管來說,更可清楚了解每個檔案的來源資訊。

8　出缺席查詢：以演講活動為例

Google 試算表的共用分享是將整個試算表公開,若試算表中的資料是含有個資時就不建議直接公開。為了解決此問題,可於 Google 試算表中建立個人的帳號密碼以及每筆帳號所對應內容兩種工作表,在透過網頁的方式讓他人進行登入驗證,當成功登入後,程式就會將該帳號的資料呈現於網頁中。

9　單據控管系統：以製作保固書為例

當常使用同一份文件建立資料時，免不了會遇到輸入同樣資料的情況，此時可將此文件作為範本並與 Google 試算表進行整合，爾後只要先在 Google 試算表中建立資料，再透過自定義的按鈕，就可將 Google 試算表中被選取的資料自動轉換成該文件。藉此，若資料是有流水編號或者屬於多人管理的情況下，更能有效率的控管資訊。除此之外，還可將文件改存檔為 PDF 格式並自動寄信給他人。

10 LINE Notify 設備報修

利用 Google 表單填寫報修內容與上傳設備損壞照片，當表單送出後，程式會自動將該資訊傳送到 LINE 中。藉此，與不定時的主動前往 Google 表單來查看報修情況來說，讓報修訊息可以主動通知而在進行維護，能使報修事件的處理更有效率與即時。

11 LINE Notify 每日行程通知

主要利用 Google 試算表來建立行程資料,當每日所指定的時間一到,程式會自動比對每筆行程的日期與當天日期是否符合,符合時則會自動將該筆資料傳送到 LINE。藉此,在每日上班之前就可先得知當天的行程。由於是透過 Google 試算表來管理行程,因此在行程的建立、更新與統計上都更加便利。

12 LINE Notify 天氣預報

結合政府的開放性資料,並從中篩選出符合自己需求的訊息後,當到了指定時間,程式就會將符合自己需求的訊息傳送到 LINE,使在特定訊息的掌握上能更加的即時。

13　會議室借用與查詢系統

將 Google 表單填寫完的資訊轉換成 Google 試算表後,透過程式來將 Google 試算表中的每筆資訊轉換成 JSON 格式,同時網頁端在利用 AJAX 的方式進行接收,最終將每筆資訊呈現於網頁中。藉此,在填寫 Google 表單之前就可先在網頁中查看相關資訊,並免重複借用。

14 　Google 日曆 - 以學校行事曆為例

在 Google 試算表中建立並審核要新增於 Google 日曆的事件,再透過自定義的按鈕,將核准後的事件資料依其分類新增於對應的 Google 日曆中。網頁內也可藉由篩選功能來載入不同分類的 Google 日曆,且呈現的顏色也各有不同,使瀏覽行事曆的人更能依其需求掌握不同資訊。

15　網頁預約系統

透過 Google App Script 將網頁端的表單與 Google 試算表進行串接，使表單中的欄位資料可直接寫入到 Google 試算表中，進而衍生出更多的應用。

16　網頁上線

介紹如何申請免費的專屬網址與網頁空間，並將兩者進行綁定，以及如何將網頁上傳到網頁空間，使他人輸入專屬網址時就可瀏覽第 13 至第 15 章節所建置的網頁。

◥ 線上下載

本書影音教學檔、範例程式檔請至 http://books.gotop.com.tw/download/ACU084300 下載，檔案為 ZIP 格式，讀者自行解壓縮即可運用。其內容僅供合法持有本書的讀者使用，未經授權不得抄襲、轉載或任意散佈。

1

初步認識 Google
Apps Script

1.1 簡介

依據 Google 官網的説法,「Google Apps Script 是一種使用 JavaScript 雲端腳本語言來擴展 Google Apps (如 Gmail、日曆、雲端硬碟等),以及建置 Web 應用程式」。

Google Apps Script 是一個以 JavaScript 為基礎的伺服器端腳本語言 (server-side scripting language),不 像 一 般 以 瀏 覽 器 為 主 (browser-based) 的 JavaScript,同時該語言的運作為在 Google 的伺服器上,所以能直接存取存放在 Google 伺服器中的資料。

藉由 Google Apps Script 可跟 Gmail、聯絡人、Google 日曆、Google 地圖、Google 文件等服務連結,連結的方式必須透過 Google Apps Script 提供的 API (application programming interface) 來操作及存取這些服務的資料。

Google Apps Script 的開發平台主要在 Google 的架構上運行,因此編寫完的 Google Apps Script 指令碼 (腳本) 可直接在瀏覽器上執行,故此開發者可在任何有網路的場所進行開發、專案執行與程式除錯 (Debug) 等動作。

因此,Google Apps Script 所具備的優勢如下:

1. **雲端腳本語言**:語法類似 JavaScript,但其功能確有相當大的差異,不過也因為類似 JavaScript 語言,使學習成本較低。

2. **可擴展 Google Apps 的能力**:擴展的意義有如 Office Excel 的巨集功能,讓繁瑣的工作流程得以自動化,因此在 Google 試算表中的 Google Apps Script 就扮演了類似巨集的角色。

3. **可建立 Web 應用程式**:此應用程式有兩種運作模式,一為附著於協作平台上 (插件);二為獨立運作。藉此讓開發者完全不需要自己準備機器,可直接利用 Google 的機器來排除 Client 端所需伺服器的各種安裝和維護成本,且還可使用 HTML、CSS、JavaScript 或任何其他瀏覽器支援的技術來建置網頁畫面。

與此同時,Google Apps Script 可做到的功能列舉如下:

1. 可與其他 Google Apps 互動。

2. 可在 Google 文件、試算表和表單中添加自定義選單、對話框、側邊欄與控制項。

3. 可為 Google 試算表編寫自定義函數和巨集。

4. 可發佈為網路應用程式，使專案能在網路上運作或與其他平台互動。

5. 建構附加組件以擴展 Google 文件、Google 試算表、Google 簡報和 Google 表單，並將其發佈到 G Suite Marketplace。

6. 可將 Google 試算表的內容轉換成 JSON 格式並發佈成網頁應用程式，使網頁端可利用 ajax 等技術來呈現 Google 試算表中的內容。

7. 其他各種不同 Google Apps 間的相互整合應用。

補充說明

Google Apps Script 所適應的 JavaScript 為 ES3 版本，因此高階語法皆無法使用。

1.2 為何以 Google 試算表為主

Google 試算表（Google Spreadsheet）是由 Google 公司在 2006 年所推出，其功能和介面都與傳統的 Numbers 及 Microsoft Excel 相似，不但可以用表格方式儲存及編輯各項數值和公式，並能依公式計算與更新表格內的數值、產生圖表，還可以匯出匯入 xls、csv 及 ods 等不同的試算表檔案格式，並發佈在網路上或與特定使用者共享。

Google 試算表的線上服務讓人隨時隨地都可以存取與編輯試算表文件。因此，若將 Google 試算表作為資料庫，並配合 Google App Script 來撰寫自動化程式，更能增進日常工作的自動化處理效率，且當相關記錄都儲存於 Google 試算表時，對內容編輯、刪除與後續的資料分析與報表等製作更為便利。

1.3 安裝 GAS 插件

Google Apps Script 以下簡稱為 GAS。GAS 插件為預設的應用程式，若發現未有該插件時，故必須手動進行安裝，安裝步驟如下：

STEP 1 進入雲端硬碟,點擊「新增 > 更多 > 連結更多應用程式」。

STEP 2 在搜尋欄中輸入「Google App Script」進行搜尋,並點擊使進入介紹頁面。

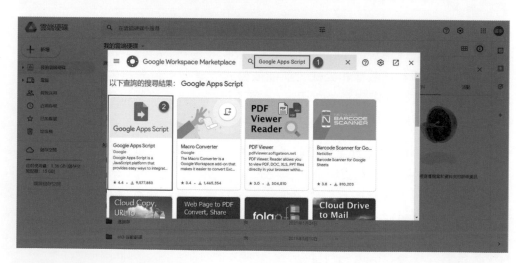

STEP 3 點擊「安裝」按鈕。

STEP 4 安裝完畢後，會跳出一個訊息視窗來說明 Google Apps Script 已經與雲端硬碟連結，此時點擊「確定」按鈕。

STEP 5 點擊右上角「X」按鈕來關閉該訊息視窗。

STEP 6 在雲端硬碟中，點擊「新增 > 更多」來驗證項目選單中是否已具有 Google Apps Script 選項。

1.4 GAS 開發環境介紹

1.4.1 編輯器介紹

Google Apps Script 的開發環境稱之為「指令碼編輯器」，其腳本稱為「指令碼」，雖然該名稱與一般認知較不一樣，但其所代表的意義是相同的。

指令碼編輯器就如同一般整合開發環境（IDE、integrated development environment），會針對程式碼中不同的保留字與變數等內容顯示不同的顏色，方便開發者分辨不同的程式區段，顏色區分如下：

1. 藍色：表示為 var、function、while 與 if...else 等程式結構的保留字。

2. 紫紅色：表示為 GAS 與自行定義的變數名稱。

3. 黑色：表示為物件的方法（method）及函數呼叫。

4. 灰色：表示為註解。

指令碼編輯器還可設定指令碼的觸發程序（trigger）、執行的函式、查閱指令碼執行記錄和錯誤訊息、檢視指令碼的版本（revision）和修改記錄、除錯功能（debugger），也可在指令碼中設定中斷點(breakpoint)並即時顯示變數的數值，因此指令碼編輯器與一般整合開發環境的功能十分相似。

指令碼編輯器主要優點為，開發者可直接在瀏覽器中編寫程式，且電腦中不需安裝任何開發軟體，因此隨時隨地只要能連上網路就能開發或編輯專案。

補充說明

整合開發環境（IDE，Integrated Development Environment）：由於編譯語言需要經由撰寫、編譯、連結、除錯、執行等過程，而早期的編譯語言中，負責這幾部分的軟體都各自獨立，使得編譯語言不如直譯語言來得方便。

目前多數的高階程式語言都已經採用 IDE 方式，將編輯器（Editor）、編譯器（Compiler）、連結器（Linker）、除錯器（Debugger）、執行（Execution）等功能整合在同一套軟體中，使得程式發展的各項操作更加容易。

1.4.2 指令碼編輯介面

指令碼編輯器中的各面板說明如下：

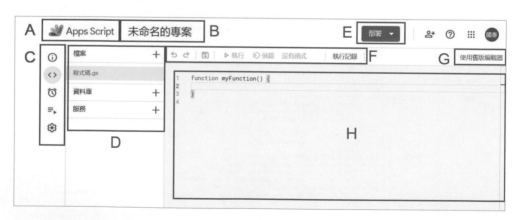

A. **指令碼管理頁**：可前往指令碼管理頁，查看該 Google 帳號中所有的 GAS專案。

B. **專案名稱**：點擊後可編輯專案名稱。

C. **專案設定列**：可瞭解與設定關於此專案的各項功能，有總覽、編輯器、觸發條件、執行項目與專案設定等五種。

D. **檔案清單**：專案中所建立的各種檔案之清單，可建立的檔案格式有指令碼檔案（.gs）與 HTML 檔案（.html）兩種。GAS 允許一個專案同時擁有多個 * .gs 文件且函數都屬於全局函數，因此可在其他 .gs 文件中進行調用，也由於它是一個全局函數，故不應在多個 .gs 文件中命名相同的函數名稱。

E. **部署**：可對此專案進行新增、管理與測試部署作業三種動作。

F. **快速功能列**：程式撰寫中會常使用到的功能，依序為上一步、下一步、存檔、執行、偵錯、指令碼檔案中的所有 function() 函式。

G. **舊版編輯器**：預設為新版編輯器，此按鈕可切換至舊版。

H. **編輯區**：指令碼（程式碼）撰寫區域。

補充說明

若要點按「執行」或「偵錯」按鈕時，需先選擇要執行的 function()（函式）後，再點選「執行」或「偵錯」按鈕。

除錯時可設定中斷點，並有即時運算視窗可以查看相關訊息，除錯畫面如圖。

1.5 指令碼管理頁

指令碼管理頁面可以幫助開發者確認目前雲端硬碟中所有使用到 Google Apps Script 指令碼的檔案。在此頁面可對所有的指令碼進行新增、編輯，或者修改所要執行的 function( )(函式)，管理頁各區塊說明如下：

➤ 指令碼管理頁網址：https://script.google.com/home/my

A. 新增空白的指令碼。

B. 檔案類別，藉此切換右側列表中的檔案。

C. 檔案列表。

在專案開發過程中，建立 GAS 專案的方式有下列兩種：

1. 從雲端硬碟中新增 Google Apps Script 檔案。

2. 從 Google Apps（如 Google 試算表）中開啟指令碼編輯器。

因此，在檔案列表中可從圖示來判別 GAS 指令碼是如何建立的，說明如圖。

> 從Google Sheet中開啟指令編輯器
> 單純的指令碼

當選取檔案列表中每個專案時，該筆資料右側會顯示兩按鈕，其按鈕說明如下：

A. 點擊列表中的指令碼專案後即可進入專案編輯器。

B. 專案總覽：可查閱該專案的詳細資料，如專案名稱、錯誤率、執行項目 與使用者等資訊。

C. 可於展開選單中對查閱專案詳細資料、開啟專案、重新命名與移除等 動作。

1.6　GAS 配額限制

1.6.1　目前的配額

Google App Script 是 Google 旗下的一個服務，主要目的是讓開發者可透過 JavaScript 腳本語言來撰寫可控制某 Google Apps 所要執行的動作或整合數個 Google Apps 來完成某種指定動作。

雖然，Google 帳戶與 GAS 皆為免費，但 GAS 服務會對某些功能施加每日配額 和嚴格限制，如果超出配額或限制，GAS 指令碼將引發異常並終止執行。為消 費者（如 gmail.com）或 G Suite 免費版（已停產）帳戶和 Google Workspace 帳戶的用戶設置不同級別的配額。每日配額在每日 24 小時結束後更新；但是， 此更新的確切時間會因用戶而異。

下表列出了截至本書初版時的每日配額。表中所顯示的配額均可隨時取消、減少或更改，且 Google 不另行通知。配額可參考下列網址：https://developers.google.com/apps-script/guides/services/quotas。

特徵	消費者版（例如 gmail.com）和 G Suite 免費版	Google Workspace 帳號
已建立的日曆活動數	5,000 / 天	10,000 / 天
已建立的聯絡人數	1,000 個 / 天	2,000 / 天
建立的文件數	250 / 天	1,500 / 天
文件轉換	2,000 / 天	4,000 / 天
每日電子郵件的收件人數	100 * / 天	1,500 * / 天
網域內每日的電子郵件收件人	100 * / 天	2,000 / 天
電子郵件讀 / 寫（不包括發送）	20,000 / 天	50,000 / 天
群組閱讀次數	2,000 / 天	10,000 / 天
JDBC 連接	10,000 / 天	50,000 / 天
JDBC 連接失敗	100 個 / 天	500 / 天
已建立的演講文稿	250 / 天	1,500 / 天
屬性讀取 / 寫入的次數上限	50,000 / 天	500,000 / 天
已建立簡報	250 / 天	1,500 / 天
已建立電子試算表	250 / 天	3,200 / 天
觸發總運行時間	90 分鐘 / 天	6 小時 / 天
URL Fetch 調用	20,000 / 天	100,000 / 天
靜態地圖渲染	1,000 個 / 天	10,000 / 天
Google 地圖方向查詢	1,000 個 / 天	10,000 / 天
Google 地圖地理 API 調用	1,000 個 / 天	10,000 / 天
語音翻譯	5,000 / 天	20,000 / 天

特徵	消費者版（例如 gmail.com）和 G Suite 免費版	Google Workspace 帳號
Google 地圖付費查詢	1,000 個 / 天	10,000 / 天
Apps 腳本項目	50 / 天	50 / 天

「＊」附加限制適用於試用帳戶。從免費試用帳戶轉換為付費訂閱後，如果滿足以下兩個條件，您的帳戶限制會自動增加：

> ➢ 您的網域已累計支付至少 100 美元（或等值）。

> ➢ 自達到該付款最低限額以來至少已過去 60 天。

1.6.2　目前的局限

下表列出了截至本書出版時的硬性限制。表中所顯示的配額均可隨時取消、減少或更改，且 Google 不另行通知。配額可參考下列網址：https://developers.google.com/apps-script/guides/services/quotas。

特徵	消費者版（例如 gmail.com）和 G Suite 免費版	Google Workspace 帳號
腳本運行時	6 分鐘 / 執行	6 分鐘 / 執行
自定義函數運行時	30 秒 / 執行	30 秒 / 執行
同時執行	30	30
電子郵件附件	250 / 訊息	250 / 訊息
電子郵件本文大小	200 KB / 訊息	400 KB / 訊息
每封郵件的電子郵件收件人	50 / 訊息	50 / 訊息
電子郵件總附件大小	25 MB / 訊息	25 MB / 訊息
屬性值大小	9 KB / 有效值	9 KB / 有效值
屬性總存儲量	500 KB / 屬性存儲	500 KB / 屬性存儲

特徵	消費者版 （例如 gmail.com） 和 G Suite 免費版	Google Workspace 帳號
觸發器	20 / 用戶 / 腳本	20 / 用戶 / 腳本
URL Fetch 響應大小	50 MB / 調用	50 MB / 調用
URL 獲取標頭	100 / 調用	100 / 調用
URL Fetch 標頭大小	8 KB / 調用	8 KB / 調用
URL 獲取 POST 大小	50 MB / 調用	50 MB / 調用
URL 獲取 URL 長度	2 KB / 調用	2 KB / 調用

1.6.3 異常訊息說明

當指令碼達到每日配額或限制時則會出現異常訊息，常見異常訊息說明如下：

> Limit exceeded: Email Attachments Per Message.：表示腳本超出了所制定的配額或限制之一。

> Service invoked too many times: 表示腳本在一天內調用給與某 App 的服務次數太多。

> Service invoked too many times in a short time：表示腳本在短時間內調用給定服務的次數太多。

> Service using too much computer time for one day.：表示腳本超過了一天允許的總執行時間。最常見的是在觸發器上運行的腳本。

> Script invoked too many times per second for this Google user account.：表示腳本在短時間內開始執行太多次。最常見的是在單個試算表中重複調用自定義函數。

> There are too many scripts running simultaneously for this Google user account.：表示一次執行的腳本太多，但不一定是相同的腳本。與上述的情況一樣，最常見的是在單個試算表中重複調用自定義函數。

2 CHAPTER

Google Apps Script API

2.1 認識 API

在 GAS 專案開發過程中，必須透過 GAS 的 API 才能與各種 Google Apps 進行互動，由於每種 Google Apps 其操作與使用目的均不相同，因此 Google 所提供的 API 使用方法與互動權限也有所不同。

本書中所有的自動化範例，皆以 Google 試算表作為基礎（將 Google 試算表作為資料庫的概念）。故，本章節在 API 部份所介紹的重點如下：

➤ 與 Google 試算表之連結方式。

➤ 與 Google 試算表儲存格互動之方式。

➤ 常用 API 介紹與使用方式。

▌2.1.1 何謂 API

API 為 Application Programming Interface（應用程式介面）的縮寫。在現行網際網路發達的時代，因應網路平台的多樣性發展，許多大型網站平台逐漸開放自家的物件功能和資訊，使其可與其它網站進行串接與共享，此方式不僅能接觸到或整合出更多元的資訊，更可提升跨平台使用者的友善性，以達到平台多元發展的市占性。

大型平台將這些開放分享的資訊，進行開發或打包成可物件連結的應用程式介面，以提供其它開發者進行應用串接，便是 API 的核心架構。因此，API 可視為應用程式之間雙向溝通的窗口，藉由這個窗口來取得或提供對方服務。

在生活中常應用的大型網站，如：Google、Facebook 或 Instagram 等，都提供了 API 供開發者加以使用，最常見的例子為在某平台中利用 Google 或 Facebook 帳號進行快速登入，好讓使用者省去註冊的時間，藉此讓一般網站跟大平台有了聯繫，因此 API 才被視為一個介面（一個介於中間的東西）。

更簡易來説，API 就像一台販賣機的操作，消費者不需要知道販賣機如何運作，消費者只需選擇產品，並最終可順利獲得產品即可。當然，API 沒有提供的服務就不能取用。

總結，為何需要 API 呢？

1. 讓好用的功能，讓更多人使用。

2. 方便第三方進行功能擴充。

3. 提供一個省時省力的服務，可更快取得或達到目地。

2.1.2 如何使用 Google Apps Script API

Google Apps Script 針對不同的 Google Apps 提供了許多 API 讓開發者可以很方便地呼叫使用，配合 API 及 Cache Service，讓開發者可以使用 Google 伺服器的機器來暫存需要花時間運算的結果，藉此完成很多後端系統的工作，或與其他 Web 服務介接，目前可使用 Google Apps Script 的 Apps 如圖。

每家公司的 API 都有各自的編輯規則，乍看之下雖有差異，但使用的邏輯基本上是雷同的。API 基本上都具有 2 層以上的結構，說明如下：

➤ 第一層：類別。

➤ 第二層：方法或屬性。

➤ 第三層：參數。

若想要透過 GAS IDE 與 Google 試算表取得連結時，其使用語法與說明如下：

➤ 語法：SpreadsheetApp.openById("abc1234567");

➤ 說明

1. 類別：SpreadsheetApp（不同的 Google Apps 皆有不同的類別，如雲端硬碟為 DriveApp、Google 文件為 DocumentApp）。

2. 方法：openById（告知要透過取得 Google 試算表 ID 的方式來開啟文件）。

3. 參數：abc1234567（Google 試算表的 ID 編號）。

➤ Google Apps Script API 網址：https://developers.google.com/apps-script/

2.2 Logger.log

不論是什麼樣的程式語言，最基本的第一步就是要學會如何「印出」資料來進行驗證以確認執行結果，只是不同程式語言其列印的語法會有所不同。若是撰寫 JavaScript 時，可採用「alert()」或「console.log()」兩種方式來驗證資料。

GAS IDE 雖也是以 JavaScript 語言為主，但在印出資料的語法卻不是 console.log 而是「Logger.log」。在 GAS IDE 中若要查看 log 結果時，操作步驟如下：

1. 選擇所要執行的函式。

2. 點擊「執行」按鈕。

3. IDE 會自動跳出「執行記錄」面板。

▌2.2.1 方式一：文字字串

在程式開發過程中，為了檢測某段語法是否順利被執行（尤其是條件判斷式），通常會在該語法後面加入 Logger.log 來檢驗程式的執行狀況。最簡單的檢測方式為在特定的位置列印指定的文字內容，以驗證程式是否有執行到此行數。

在純文字的部份，須利用「單引號」或「雙引號」來將文字的頭尾包覆，如此才是正確的表示方式，教學如下：

STEP 1 在雲端硬碟中，點擊「新增 > 更多 > Google Apps Script」。

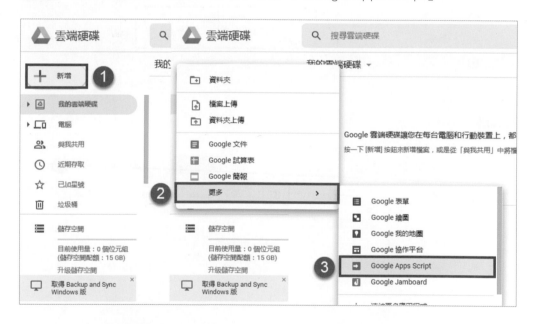

STEP 2 在 IDE 中點擊「未命名的專案」，並將名稱修改為「log」。

STEP 3 撰寫語法如下。

```
(01) function myFunction() {
(02)   Logger.log('Hello, World！');
(03) }
```

STEP 4 點擊「存檔」。

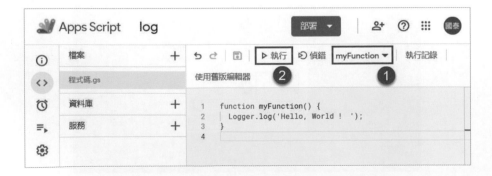

STEP 5 選擇要執行的函式「myFunction」後，再點擊「執行」。

STEP 6 可在記錄面板中查看所印出的訊息結果是否與程式碼相同。

補充說明

在 Logger.log 所要印出的內容中，加入「\n」則可進行換行，語法如下：

```
(01) function myFunction() {
(02)   Logger.log('Hello, World！\n Jacky');
(03) }
```

執行記錄		
下午10:25:44　通知	開始執行	
下午10:25:44　資訊	Hello, World！ Jacky	
下午10:25:44　通知	執行完畢	

▎2.2.2 方式二：變數

在程式開發過程中，變數的資料是動態的，此時也可利用 Logger.log 來查看變數的結果，語法如下：

STEP 1 撰寫語法如下。

```
(01) function myFunction() {
(02)   var name = 'Jacky';
(03)   Logger.log(name);
(04) }
```

STEP 2 儲存並選擇要執行的函式「myFunction」後，再點擊「執行」。

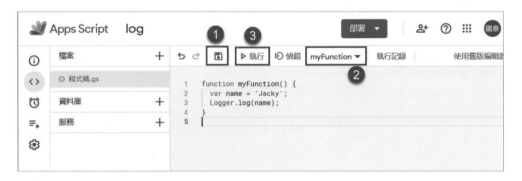

STEP 3 可在記錄面板中查看所印出的訊息結果是否與程式碼相同。

2.2.3 方式三：字串 + 變數

上述的方式一與方式二是可合併使用的，合併使用的結果剛好可彌補彼此的不足之處。例如當要檢驗的變數較多時，無法清楚知道該變數值所要表達的程式執行結果，此時就可將方式一與方式二合併使用，使每個變數中可夾帶有利辨識的文字字串，語法如下：

STEP 1 撰寫語法如下。

```
(01) function myFunction() {
(02)   var name = 'Jacky';
(03)   Logger.log('Hello：'+ name +', World！');
(04) }
```

補充說明

「字串」與「變數」間的連結必須使用「+」號。

STEP 2 儲存並選擇要執行的函式「myFunction」後，再點擊「執行」。

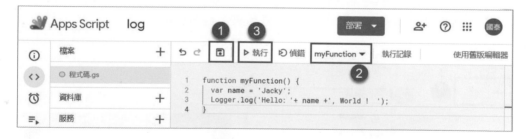

STEP 3 可在記錄面板中查看所印出的訊息結果是否與程式碼相同。

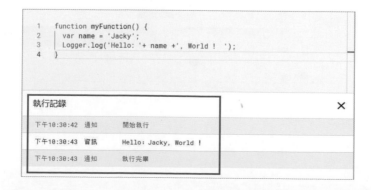

2.3　與 Google 試算表的連結

透過 API 與 Google 試算表連結的方式有四種,加上不同的指令碼建立方式,而使某些 API 無法作用,使用限制如下表:

API	Google 試算表與 指令碼檔案分開	在 Google 試算表中 建立指令碼檔案
openById()	O	O
openByUrl()	O	O
getActiveSpreadsheet()	X	O
getActiveSheet()	X	O

2.3.1　方式一:openById()

此節將從 Google 試算表中建立指令碼,並搭配「openById()」來與試算表建立連結,並在指定的儲存格中寫入資料,操作步驟如下:

STEP 1　在雲端硬碟中,點擊「新增 > 資料夾」且命名為「GAS」。

STEP 2　進入 GAS 資料夾。

STEP 3 點擊「新增 > Google 試算表」。

STEP 4 將 Google 試算表重新命名為「OpenID」，將工作表名稱改為「sheet」。

STEP 5 點擊「擴充功能 > Apps Script」，以開啟 IDE 編輯器。

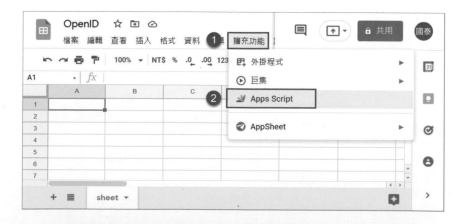

STEP 6 在 IDE 編輯器中，將專案名稱修改為「OpenID」。

STEP 7 從要建立連結的 Google 試算表網址中取得 ID。其從網址中取得 ID 的規則如下：

➤ 取得 ID 規則：https://docs.google.com/spreadsheets/d/{ID}/edit#gid=0

STEP 8 撰寫程式碼與說明如下：

```
(01) function myFunction() {
(02)   var ss = SpreadsheetApp.openById('Google 試算表 ID');
(03)   var SheetName = ss.getSheetByName(' 工作表名稱 ');
(04)   var range = SheetName.getRange(1,1);
(05)   range.setValue('123');
(06) }
```

◈ 解說

01：制訂一個名為 myFunction() 的函式。

02：宣告 ss 變數，並以 Google 試算表的 ID 作為連結方式。

■ Google 試算表 ID：為填寫您建立的 Google 試算表 ID。

03：宣告 SheetName 變數，且指定要連結 Google 試算表中的某個工作表名稱。

■ 工作表名稱：sheet。

04：宣告 range 變數，藉由 getRange 指令以取得名為 sheet 的工作表當中的 A1 儲存格。

05：在 A1 儲存格中寫入一筆內容為「123」的資料。

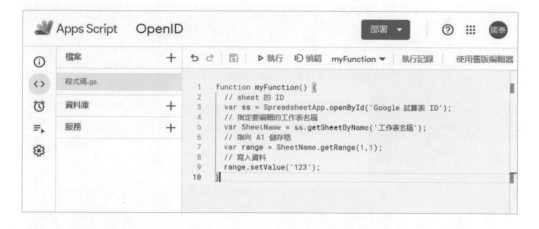

STEP 9 點擊「存檔」。

STEP 10 選擇要執行的函式「myFunction」後,再點擊「執行」。

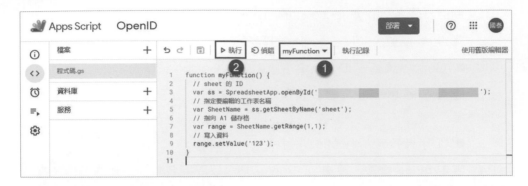

STEP 11 點擊「審查權限」。當要與 Google Apps 進行互動時,都必須取得權限。

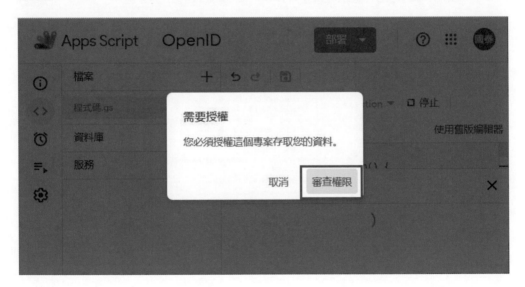

STEP 12　點擊審查權限後，會跳出選擇帳戶的視窗，此時點擊您的帳戶。

STEP 13　點擊「進階」選項。

STEP 14 點擊「前往「OpenID」（不安全）」選項。

STEP 15 最後，點擊「允許」按鈕。當中也會列出該專案透過 API 可操作的內容與權限。

STEP 16　此時，切換到 Google 試算表檔案，即可看見在 sheet 工作表中的 A1 儲存格，已透過程式寫入 123 文字。

▌2.3.2　方式二：openByUrl()

此小節會將 Google 試算表與指令碼兩個檔案分開建立，並搭配「openByUrl()」來與試算表建立連結，並在指定的儲存格中寫入資料，操作步驟如下：

STEP 1　進入由方式一所建立的 GAS 資料夾。

STEP 2　點擊「新增 > Google 試算表」。

STEP 3 將 Google 試算表重新命名為「OpenURL」，工作表名稱改為「sheet」。

STEP 4 在 GAS 資料夾中，點擊「新增 > 更多 > Google Apps Script」，並開啟。

STEP 5 在 IDE 編輯器中，將專案名稱修改為「OpenURL」。

STEP 6 複製要連結之 Google 試算表網址。

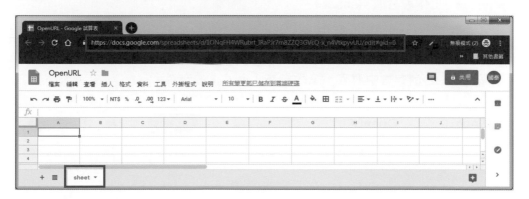

STEP 7 撰寫程式碼與說明如下：

```
(01) function myFunction() {
(02)   var ss = SpreadsheetApp.openByUrl('Google 試算表 URL');
(03)   var SheetName = ss.getSheetByName(' 工作表名稱 ');
(04)   var range = SheetName.getRange(2,2);
(05)   range.setValue('ABC');
(06) }
```

◇ 解說

01：制訂一個名為 myFunction() 的函式。

02：宣告 ss 變數，並以 Google 試算表的 URL 作為連結方式。

　　■ Google 試算表 URL：為填寫您建立的 Google 試算表網址。

03：宣告 SheetName 變數，且指定要連結 Google 試算表中的某個工作表名稱。

　　■ 工作表名稱：sheet。

04：宣告 range 變數，藉由 getRange 指令以取得名為 sheet 的工作表當中的 B2 儲存格。

05：在 B2 儲存格中寫入一筆內容為「ABC」的資料。

STEP 8 點擊「存檔」。

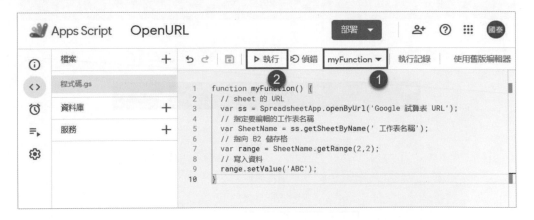

STEP 9 選擇要執行的函式「myFunction」後,再點擊「執行」。

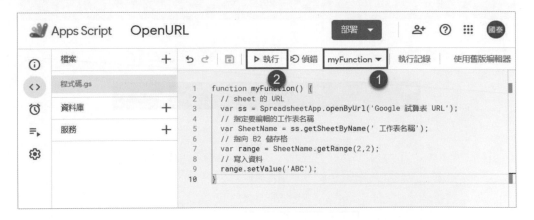

STEP 10 點擊「審查權限」。當要與 Google Apps 進行互動時,都必須取得權限。

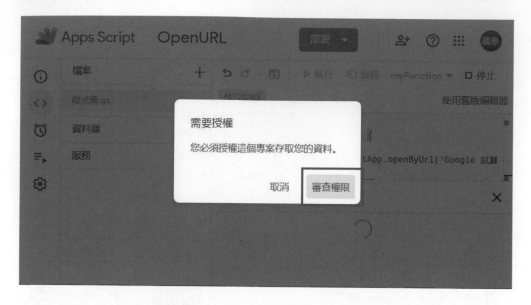

STEP 11 點擊審查權限後,會跳出一個視窗,此時點擊您的帳戶。

STEP 12 點擊「進階」選項。

STEP 13 點擊「前往「OpenURL」（不安全）」選項。

STEP 14 最後,點擊「允許」按鈕。當中也會列出該專案透過 API 可操作的內容與權限。

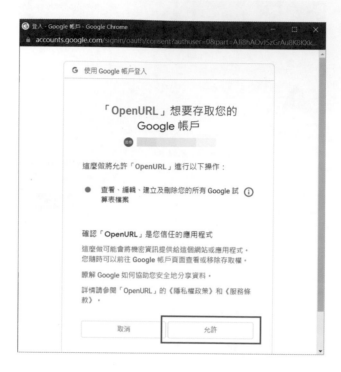

STEP 15 確認所要執行的函式「myFunction」後,點擊「執行」。

STEP 16 此時，切換到 Google 試算表檔案，即可看見在 sheet 工作表中的 B2 儲存格，已透過程式填入 ABC 文字。

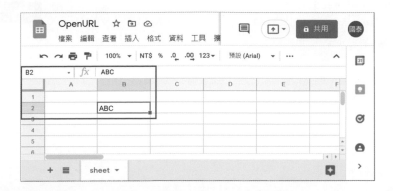

2.3.3 方式三：getActiveSpreadsheet() 與 getActiveSheet()

從 Google 試算表中建立指令碼，並搭配「getActiveSpreadsheet()」或「getActiveSheet()」兩指令時，均會自動與 Google 試算表進行連結，不必在額外指定 Google 試算表的 ID 或 URL，兩指令代表的意義如下：

➤ getActiveSheet()：只能取得 Google 試算表中的第一個工作表。

➤ getActiveSpreadsheet()：取得 Google 試算表中所有的工作表。

此小節將從 Google 試算表建立指令碼，並搭配「getActiveSheet()」來與試算表建立連結，並在指定的儲存格中寫入資料，操作步驟如下：

STEP 1 進入由方式一所建立的 GAS 資料夾。

STEP 2 點擊「新增 > Google 試算表」。

STEP 3 將 Google 試算表重新命名為「getActiveSheet」。

STEP 4 點擊「擴充功能 > Apps Script」，以開啟 IDE 編輯器。

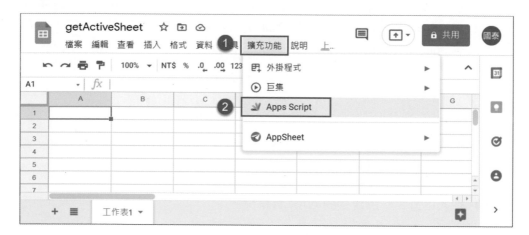

STEP 5 在 IDE 編輯器中，將專案名稱修改為「getActiveSheet」。

STEP 6 撰寫程式碼與說明如下：

```
(01) function myFunction() {
(02)   SpreadsheetApp.getActiveSheet().getRange(2, 2).setValue("123");
(03) }
```

◇ 程式碼說明

01：制訂一個名為 myFunction() 的函式。

02：首先利用 getActiveSheet() 來與 Google 試算表與第一個工作表取得連結後，藉由 getRange 指令以取得工作表中的 B2 儲存格，且在 B2 儲存格中寫入一筆內容為「123」的資料。

STEP 7 點擊「存檔」。

STEP 8 選擇要執行的函式「myFunction」後，再點擊「執行」。

STEP 9 點擊「審查權限」。當要與 Google Apps 進行互動時，都必須要取得權限。

STEP 10 點擊審查權限後，會跳出選擇帳戶的視窗，此時點擊您的帳戶。

STEP 11 點擊「進階」選項。

STEP 12 點擊「前往「getActiveSheet」（不安全）」選項。

STEP 13 最後，點擊「允許」按鈕。當中也會列出該專案透過 API 可操作的內容與權限。

STEP 14 確認所要執行的函式「myFunction」後，點擊「執行」。

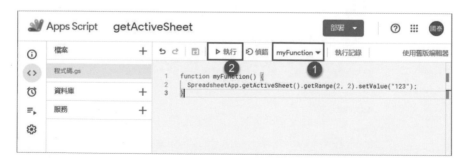

STEP 15 此時，切換到 Google 試算表檔案，即可看見在工作表中的 B2 儲存格，已透過程式填入 123 文字。

2.4 編輯儲存格的方式

2.4.1 取得儲存格：getRange()

在 GAS 中，當要寫入資料到試算表的儲存格及讀取試算表的儲存格資料之前，須先使用「getRange()」指令來獲取單一或一個範圍內的所有儲存格。

getRange() 指令本身具備了幾種不同的參數設定，以協助取得不同範圍內的資料，其參數設定的用法如下：

(1) getRange(row, column)

預設包含 row（行）和 column（欄）兩個參數，結果得出來的範圍（Range）就會指向 row 和 column 數字對應的單一儲存格，範例語法如下：

```
(01) function myFunction() {
(02)   var ss = SpreadsheetApp.getActiveSheet();
(03)   var range = ss.getRange(1,1);
(04)   range.setValue('getRange');
(05) }
```

◇ 解說

01：制訂一個名為 myFunction() 的函式。

02：宣告 ss 變數，其值為與試算表連結。

03：宣告 range 變數，其值為指向試算表中的 A1 儲存格。

04：藉由 setValue() 指令，使在 A1 儲存格中寫入 getRange 文字。

補充說明

在同樣的執行結果下，另種程式寫法是將三行合併唯一行，如下：

> 語法：SpreadsheetApp.getActiveSheet().getRange(1,1).setValue('getRange');

但此方式所衍生的問題為，若每次在同個儲存格寫入的資料是不固定的，那麼每次就必須輸入這麼長一段語法，因此把一些可重複使用的內容改以變數的方式使用，除了在開發過程中可減去不必要的重複性內容外，程式碼也較好維護。

(2) getRange(row, column, numRows)

除了 row 和 column 兩個參數外，也可以增加第三個參數，代表第一個參數 row 的延伸範圍，舉例來說若第一個參數 row 是 1，numRows 為 5，那麼儲存格就是從第一列到第五列，範例語法如下：

```
(01) function myFunction() {
(02)   var ss = SpreadsheetApp.getActiveSheet();
(03)   var range = ss.getRange(1,2,5);
(04)   range.setValue('getRange');
(05) }
```

◇ 解說

01：制訂一個名為 myFunction() 的函式。

02：宣告 ss 變數，其值為與試算表連結。

03：宣告 range 變數，其值為指向 B1 至 B5 的儲存格。

04：藉由 setValue() 指令，使在 B1 至 B5 的儲存格中均寫入 getRange 文字。

(3) getRange(row, column, numRows, numColumns)

如果四個參數全使用，則表示整個範圍的儲存格，範例語法如下：

```
(01) function myFunction() {
(02)   var ss = SpreadsheetApp.getActiveSheet();
(03)   var range = ss.getRange(1,2,5,4);
(04)   range.setValue('getRange');
(05) }
```

◇ 解說

01：制訂一個名為 myFunction() 的函式。

02：宣告 ss 變數，其值為與試算表連結。

03：宣告 range 變數，其值為指向 B1 至 E5 的儲存格。

04：藉由 setValue() 指令，使在 B1 至 E5 的儲存格中寫入 getRange 文字。

(4) getRange(a1Notation)

除了透過數字來表示外，getRange 更可以直接指定工作表名稱、儲存格名稱，故此就不用去思考數字對應儲存格這種關聯性的問題。

直接指定一個範圍的儲存格，範例語法如下：

```
(01) function myFunction3() {
(02)   var ss = SpreadsheetApp.getActiveSheet();
(03)   var range = ss.getRange('A2:C5');
(04)   range.setValue('getRange');
(05) }
```

◇ 解說

01：制訂一個名為 myFunction() 的函式。

02：宣告 ss 變數，其值為與試算表連結。

03：宣告 range 變數，其值為指向 A2 至 C5 的儲存格。

04：藉由 setValue() 指令，使在 A2 至 C5 的儲存格中寫入 getRange 文字。

當試算表中具有複數個工作表時,可直接指定「工作表名稱」,藉此在指定的工作表中寫入資料。要注意的是,工作表名稱與儲存格之間需使用驚嘆號「!」區隔,範例語法如下:

```
(01) function myFunction() {
(02)   var ss = SpreadsheetApp.getActiveSheet();
(03)   var range = ss.getRange('工作表2!A2:C5');
(04)   range.setValue('getRange');
(05) }
```

◇ 解說

01:制訂一個名為 myFunction() 的函式。

02:宣告 ss 變數,其值為與試算表連結。

03:宣告 range 變數,其值為指向「工作表 2」中的 A2 至 C5 儲存格。

04:藉由 setValue() 指令,使在「工作表 2」中的 A2 至 C5 儲存格中寫入 getRange 文字。

除了指定特定工作表與一個範圍中的儲存格來寫入資料外,也可指定單一儲存格,範例語法如下:

```
(01) function myFunction() {
(02)   var ss = SpreadsheetApp.getActiveSheet();
(03)   var range = ss.getRange('工作表2!A2');
(04)   range.setValue('getRange');
(05) }
```

◇ 解說

01:制訂一個名為 myFunction() 的函式。

02:宣告 ss 變數,其值為與試算表連結。

03:宣告 range 變數,其值為指向「工作表 2」中的 A2 儲存格。

04:藉由 setValue() 指令,使在「工作表 2」中的 A2 儲存格中寫入 getRange 文字。

2.4.2 寫入資料：setValue() 與 setValues()

藉由上述小節得知如何抓取某個儲存格範圍後，就可使用 setValue() 或 setValues() 指令來將資料寫入儲存格中，兩指令的說明如下：

(1) setValue()

只能儲存一筆資料到一個儲存格內，如果這筆資料是個陣列，則是存入陣列的第一個資料。

(2) setValues()

可寫入一個二維陣列資料到一個範圍的儲存格內，陣列的外層是 Row，內層是 Column。藉此可用陣列存入多筆資料，範例語法如下：

```
(01) function myFunction() {
(02)   var ss = SpreadsheetApp.getActiveSheet();
(03)   var range = ss.getRange('A1:C3');
(04)   range.setValues([[1,2,3],[11,22,33],[111,222,333]]);
(05) }
```

◇ 解說

01：制訂一個名為 myFunction() 的函式。

02：宣告 ss 變數，其值為與試算表連結。

03：宣告 range 變數，其值為指向 A1 至 C3 儲存格。

04：藉由 setValues() 指令，使在 A1 至 C3 儲存格中寫入 [1,2,3]、[11,22,33]、[111,222,333] 文字。

	A	B	C	D
1	1	2	3	
2	11	22	33	
3	111	222	333	
4				

▋ 2.4.3 取得資料：getValue() 與 getValues()

getValue() 和 getValues() 兩指令與 setValue() 和 setValues() 兩指令的操作方式是相同概念。其指令主要為讀取儲存格資料，兩指令的說明如下：

(1) getValue()

只能取得一個儲存格內的資料，如果這筆數值是個陣列，則只會讀取陣列的第一個資料。

(2) getValues()

可讀取指定範圍的儲存格資料並轉成陣列型態，陣列的外層是 Row，內層是 Column。範例語法如下：

```
(01) function myFunction() {
(02)   var ss = SpreadsheetApp.getActiveSheet();
(03)   var range = ss.getRange(1,1,3,3);
(04)   var value = range.getValues();
(05)   Logger.log(value);
(06) }
```

◇ 解說

01：制訂一個名為 myFunction() 的函式。

02：宣告 ss 變數，其值為與試算表連結。

03：宣告 range 變數，其值為指向 A1 至 C3 儲存格。

04：宣告 value 變數，其值為取得 A1 至 C3 儲存格的資料。

05：利用 Logger.log 將 value 變數值列印出來，以查驗結果。

執行記錄		
下午11:35:53 通知	開始執行	
下午11:35:53 資訊	[[1.0, 2.0, 3.0], [11.0, 22.0, 33.0], [111.0, 222.0, 1.0]]	
下午11:35:53 通知	執行完畢	

▌2.4.4 取得資料：getSheetValues()

getSheetValues() 指令與 getValue() 和 getValues() 兩指令不同之處在於，getSheetValues() 指令不需要先取得儲存格位置後再取得儲存格的資料。

其本身的參數就已是從儲存格角度出發，getSheetValues() 指令包含了四個參數在裡面，分別是 startRow、startColumn、numRows 和 numColumns，顧名思義就是從「左上儲存格至右下儲存格」中間區域所包含的儲存格資料。這些儲存格的表示位置不像試算表上顯示的英文字母，英文字母都對應從 1 開始的阿拉伯數字，例如 A1 儲存格，實際為 Row 1、Column 1，如果是 D3 儲存格，就是 Row 3、Column 4，依此類推。

> ➤ 語法：getSheetValues(startRow, startColumn, numRows, numColumns)

> ➤ 語法解釋：getSheetValues(起始列號 , 起始行號 , 列展延量 , 行展延量)

若只想取得 C3 儲存格的資料，範例語法如下：

```
(01) function myFunction() {
(02)   var ss = SpreadsheetApp.getActiveSheet();
(03)   var value = ss.getSheetValues(3,3,1,1);
(04)   Logger.log(value);
(05) }
```

◈ 解說

01：制訂一個名為 myFunction() 的函式。

02：宣告 ss 變數，其值為與試算表連結。

03：宣告 value 變數，其值為取得 C3 儲存格的資料。

04：利用 Logger.log 將 value 變數值列印出來，以查驗結果。

若想取出「一個範圍的資料」，範例語法如下：

```
(01) function myFunction6() {
(02)   var ss = SpreadsheetApp.getActiveSheet();
(03)   var value = ss.getSheetValues(1,1,3,3);
(04)   Logger.log(value);
(05) }
```

◇ 解說

01：制訂一個名為 myFunction() 的函式。

02：宣告 ss 變數，其值為與試算表連結。

03：宣告 value 變數，其值為取得 A1 至 C3 儲存格的資料。

04：利用 Logger.log 將 value 變數值列印出來，以查驗結果。

2.4.5 向儲存格添加公式

若程式在運行的過程中，需在試算表中統計相關結果時，可透過相關的 API 於特定的儲存格中輸入試算表的函式，使其完成統計結果，可使用的 API 如下：

(1) setFormula()

在指定的儲存格中輸入 SUM 函式並加總指定範圍的數值結果。範例語法如下：

```
(01) function myFunction() {
(02)   var ss = SpreadsheetApp.getActiveSpreadsheet();
(03)   var cell = ss.getRange("C1");
(04)   cell.setFormula("=SUM(A1:B1)");
(05) }
```

◇ 解說

01：制訂一個名為 myFunction() 的函式。

02：宣告 ss 變數，其值為與試算表連結。

03：宣告 cell 變數，其值為取得 C1 儲存格。

04：在 C1 儲存格中，利用 setFormula 指令插入 SUM 函式來統計 A1 至 B1 的加總。

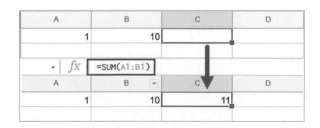

(2) setFormulaR1C1()：位址參照樣式。

使用「R」加上列號碼和「C」加上欄位號碼，來表示儲存格的絕對位置，若欄位號碼搭配 [ ] 表示要使用相對參照。範例語法如下：

```
(01) function myFunction() {
(02)    var ss = SpreadsheetApp.getActiveSpreadsheet();
(03)    var cell = ss.getRange("D1");
(04)    cell.setFormulaR1C1("=SUM(R1C1:R1C3)");
(05) }
```

◇ 解說

01：制訂一個名為 myFunction() 的函式。

02：宣告 ss 變數，其值為與試算表連結。

03：宣告 cell 變數，其值為取得 D1 儲存格。

04：在 D1 儲存格中，利用 setFormulaR1C1 指令插入 SUM 函式來統計 A1 至 C1 的加總。

	fx	=SUM($A$1:$C$1)	
A	B	C	D
1	10	11	22

(3) setFormulas()

可一次要將多組公式添加到一組儲存格範圍中。範例語法如下：

```
(01) function myFunction() {
(02)   var ss = SpreadsheetApp.getActiveSpreadsheet();
(03)   var formulas = [
(04)     ["=SUM(A1:A3)", "=SUM(B1:B3)", "=SUM(C1:C3)"],
(05)     ["=AVERAGE(A1:A3)", "=AVERAGE(B1:B3)", "=AVERAGE(C1:C3)"]
(06)   ];
(07)   var cell = ss.getRange("A5:C6");
(08)   cell.setFormulas(formulas);
(09) }
```

◇ 解說

01：制訂一個名為 myFunction() 的函式。

02：宣告 ss 變數，其值為與試算表連結。

03：宣告 formulas 變數，其值為一組陣列。

04：將 A1 至 A3 儲存格、B1 至 B3 儲存格、C1 至 C3 儲存格的數值進行各自加總。

05：取得 A1 至 A3 儲存格、B1 至 B3 儲存格、C1 至 C3 儲存格中數值的平均值。

07：宣告 cell 變數，其值為取得 A5 至 C6 儲存格範圍。

08：在 A5 至 C6 儲存格中，利用 setFormulas 指令，將 formulas 變數值寫入 A5 至 C6 儲存格中。（總和值寫入 A5 至 C5 儲存格，平均值寫入 A6 至 C6 儲存格）。

2.4.6 其他常用指令

在與 Google 試算表互動中，常需要取得第一行、第一欄、最後一行、最後一欄與工作表等資訊，藉此順利取得或寫入指定內容，故常用的指令如下表：

◇ 常用指令

指令	中文
getName()	取得檔案名稱。
getSheetByName()	取得工作表名稱。
getColumn	取得試算表中的第一個儲存格欄數，或是選取範圍中的第一格欄數。
getLastColumn	取得試算表中的的最後一欄數，或是選取範圍中的最後一個欄數。
getRow	取得試算表中的第一個儲存格行數，或是選取範圍中的第一個儲存格行數。
getLastRow	取得試算表中的最後一行數，或是選取範圍中的最後一行數。
getA1Notation	取得目前試算表中所被選取範圍的儲存格位置（如 E2:F3）。
getNumColumns	取得試算表中被選取範圍的總欄數。
getNumRows	取得試算表中被選取範圍的總行數。

除了取得指定位置的儲存格來進行編輯外，也會對工作表中特定的行或欄進行新增與刪除等動作，故編輯的指令如下表：

◇ 插入欄 Insert Column

指令	中文
insertColumns(columnIndex, numColumns)	第一個參數表示要在這個指定的欄位「之前」插入欄位，第二個參數預設為 1。

指令	中文
insertColumnBefore(beforePosition)	在指定的欄位「之前」插入一個欄位。
insertColumnsBefore(beforePositi on, howMany)	在指定欄位「之前」插入多個欄位。
insertColumnAfter(afterPosition)	在指定的欄位「之後」插入一欄位。
insertColumnsAfter(afterPosition, howMany)	在指定的欄位「之後」插入多個欄位。

◇ 刪除欄 Insert Column

指令	中文
deleteColumn(columnPosition)	刪除指定的一個欄位。欄位刪除後，後方的欄位就會自動遞補到前面。
deleteColumns(columnPosition, howMany)	刪除多個欄位。第一個參數是起始的欄位編號，第二個參數則是要刪除的欄位數量。

◇ 插入行 Insert Row

指令	中文
insertRows(rowIndex, numRows)	第一個參數表示要在這個指定的行「上方」插入行，第二個參數預設為 1。
insertRowBefore(beforePosition)	在指定的行「上方」插入一行。
insertRowsBefore(beforePosition, howMany)	在指定的行「上方」插入多個行。
insertRowAfter(afterPosition)	在指定的行「下方」插入一行。
insertRowsAfter(beforePosition, howMany)	在指定的行「下方」加入多個行。

◇ 刪除行 Delete Row

指令	中文
deleteRow(rowPosition)	表示要刪除行的編號。
deleteRows(rowPosition, howMany)	第一個參數是起始行的編號，第二個參數則是要刪除行的數量。

2.5 觸發器

2.5.1 觸發器說明

觸發器（Triggers），意指能在當發生某個特定事件或執行到所指定的動作、時間等條件時，自動執行所指定的函數。

觸發方式則有以下幾種，每種觸發方式下又分為幾種觸發條件，說明如下：

◇ 以試算表觸發

1. 文件開啟時。

2. 編輯文件時。

3. 文件內容變更時。

4. 提交表單時。

◇ 以時間驅動觸發

1. 特定的日期和時間：自行設定觸發日期與時間。

2. 分鐘計時器：以分鐘為單位，每分鐘執行觸發。

3. 小時計時器：以小時為單位。

4. 日計時器：以每日的時間間隔為單位從 00:00 ～ 24:00。

5. 週計時器：以每週星期為單位。

6. 月計時器：可選擇固定每月的幾號來執行觸發

◇ 來自日曆觸發

1. 已更新日曆且填寫日曆擁有者電子郵件地址。

2.5.2　使用方式

若希望每隔一分鐘，程式會自動向指定的儲存格入資料，範例語法如下：

STEP 1　沿用 OpenURL 腳本並加入觸發器。

STEP 2　原先程式是取得工作表中的 B2 儲存格，並寫入一筆內容為「ABC」的資料。指令碼修正為，在 A1 儲存格寫入一筆內容為「觸發器」的文字。

```
(01) function myFunction() {
(02)   var ss = SpreadsheetApp.openByUrl('Google 試算表 URL');
(03)   var SheetName = ss.getSheetByName(' 工作表名稱 ');
(04)   var range = SheetName.getRange(1,1);
(05)   range.setValue(' 觸發器 ');
(06) }
```

STEP 3 點擊「存檔」。

STEP 4 點擊左側「觸發條件」按鈕，以開啟觸發條件頁面。

STEP 5 在觸發條件頁面中，點擊右下角的「新增觸發條件」按鈕。

STEP 6　在觸發條件面板中，設定條件如下：

■ 選擇您要執行的功能：myFunction。

■ 選擇活動來源：時間驅動。

■ 選取時間型觸發條件類型：分鐘計時器。

■ 選取分鐘間隔：每分鐘。

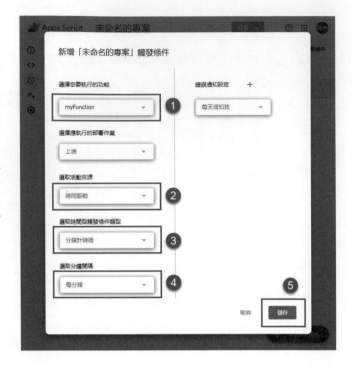

STEP 7　建立完條件後，於 OpenURL 專案的觸發條件列表中，可看至剛所新增的條件。往後若要新增或編輯此專案的觸發條件時，都於此進行修改。

STEP 8 等待約 1 分鐘後，專案會自動執行所設定的條件，此時 A1 儲存格中會自動寫入「觸發器」文字。

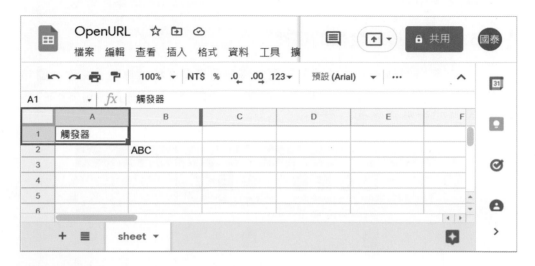

2.6 預設的函式

2.6.1 說明

在 GAS 指令碼中有幾種預設的 function()（函式）說明如下：

1. onInstall(e)：建立文件時執行。

   最常見的用途是調用 onOpen(e) 來建立自定義選單，當使用 onInstall(e) 時，表示該文件已經開啟，因此除非重新開啟該文件，否則 onOpen(e) 不會自動運行。

2. onOpen(e)：開啟文件時執行。

   當訪客開啟他們有權編輯的試算表、文件、簡報或表單時，才會自動運行。

3. onEdit(e)：編輯文件時執行。

   當訪客變更試算表中任何儲存格的資料時，才會自動運行。

4. doGet(e)：當訪客訪問 Web 應用程式或程式向 Web 應用程式發送 HTTP GET 請求時運行。

5. doPost(e)：當程式向 Web 應用程式發送 HTTP POST 請求時運行。

上述函數名稱中的 (e) 其名為「eparameter」，是傳遞給函數的事件對象。

2.6.2 可支援觸發器的事件

下表總結了每種類型事件（函式）可用的觸發器類型。如試算表、文件、簡報和表單都支援簡易的觸發器，但只有試算表、文件和表單有支援可安裝的觸發器。

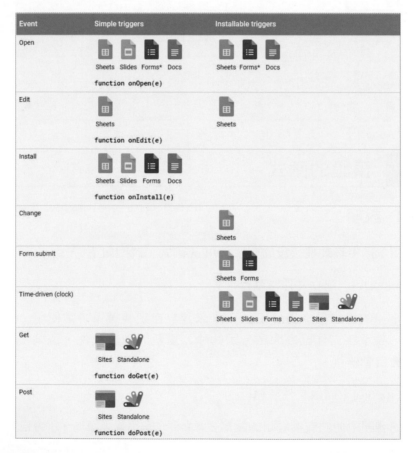

◆ 引用來源：https://developers.google.com/apps-script/guides/triggers/

「*」當訪客打開 Form 進行回覆時，不會發生 Google 表單的 onOpen(e) 事件。

2.7 部署為網路應程式

2.7.1 doGet() 與 doPost()

依據 GAS Web App 的說明，GAS 在收到 HTTP GET Request 後會執行 doGet(e)；若收到 HTTP POST Request 則會執行 doPost(e)。因此，若要透過外部網頁操控 GAS，其 GAS 有規定名稱一定要是 doGet(e) 或 doPost(e)。簡單來說，doGet() 和 doPost() 函數分別像 http get 和 http post 請求處理程序一樣工作。

故，對於每個 Web 應用程序的腳本，在 GAS 指令中必須滿足兩點要求：

1. 具有 doGet() 或 doPost() 函數。

2. 該函數返回 HTML 服務 HtmlOutput 或內容服務 TextOutput。

與此同時，可搭配使用 HTML service（回傳 HTML 頁面）或 Content service（回傳純資料）把資料回傳給請求端。下列將以 doGet() 為例，列舉三種範例：

範例 1：使用 ContentService.createTextOutput(); 回傳文字資料

```
(01) function doGet(e) {
(02)   var age = '18';
(03)   return ContentService.createTextOutput(' 我的年齡：'+ age);
(04) }
```

◇ 解說

01：制訂一個名為 doGet(e) 的函式。

02：宣告 age 變數，其值為 18。

03：回傳資料，透過 createTextOutput 指令將 age 變數之結果以文字方式呈現。

範例 2：使用 HtmlService.createHtmlOutput(); 回傳 HTML 資料

```
(01) function doGet(e) {
(02)   var age = '18';
(03)   var HTMLString = "<style> h1,p {color: red;}</style>"
(04)     + "<h1> 我的年齡：</h1>"
(05)     + "<p>" + age + "</p>"
(06)   return HtmlService.createHtmlOutput(HTMLString);
(07) }
```

◈ 解說

01：制訂一個名為 doGet(e) 的函式。

02：宣告 age 變數，其值為 18。

03：宣告 HTMLString 變數，其值為網頁樣式(將顏色改為紅色)與網頁內容。

04：回傳資料，透過 createHtmlOutput 指令將 HTMLString 變數之結果以 HTML 方式呈現。

範例 3：使用 JSON.stringify(); 將資料轉成 JSON 格式

```
(01) function doGet(e) {
(02)   var age = '18';
(03)   var JSONString = JSON.stringify(age);
(04)   return ContentService.createTextOutput(JSONString).
     setMimeType(ContentService.MimeType.JSON);
(05) }
```

◇ 解說

01：制訂一個名為 doGet(e) 的函式。

02：宣告 age 變數，其值為 18。

03：宣告 JSONString 變數，其值為將 age 變數結果轉為 JSON 格式。

04：回傳資料，透過 createTextOutput 指令先將 JSONString 變數之結果輸出為純文字，在透過 setMimeType() 指令將文字改為 JSON 格式。

2.7.2 部署為網路應用程式

GAS 之所以可作為網路應用程式，主要是因為瀏覽器可以訪問它。

當 GAS 專案開發完畢後，若外部的網頁想透過 GAS 讀取試算表資料時，除了必須使用到 doGet() 或 doPost() 兩其一指令作為處理程序外，還得把該 GAS 程式部署到網路上，與此同時該專案會產生一組網址，開發者就可利用此網址與外部網頁結合，達到使用外部網頁透過 GAS 來操控試算表的資料。部署為網路應用程式的操作方式如下：

> 部署後網址說明：https://script.google.com/macros/s/{ 隨機字串 }/exec

STEP 1 點擊「部署 > 新增部署作業」。

STEP 2 點擊「啟用部署作業類型 > 網頁應用程式」。

STEP 3 將具有應用程式存取權的使用者選項修改為「所有人」，之後點擊「部署」按鈕。

此對話框非常重要，主要是設定該專案具備哪些權限，其不同權限的說明如下：

➤ 說明：可為此版本進行註解。

➤ 網頁應用程式：

- 我：意思是可以讓任何人以你的身分執行專案的 GAS。

- 存取網頁應用程式的使用者：有登入的使用者都可訪問專案的 GAS。

➤ 誰可以存取：

- 只有我自己：僅限自己的帳戶。

- 所有已登入 Google 帳戶的使用者：只有登入 Google 帳戶的使用者，用他們自己的身分去執行專案程式，未登入的使用者會被要求登入。

- 所有人：完全不受限，任何人或含未登入者均可。

STEP 4 按下部署按鈕後，會提供一段「應用程式網址」。外部網頁透過此應用程式的網址就可讀取或編輯試算表資料。

 **補充說明**

當部屬一個版本後，若「程式碼」有任何修改等動作時，必須重新再新增部署作業。

Note

3

全自動多國
語言翻譯機

◇ 範例說明

在工作、求學或旅遊時,「翻譯」是常見的一種行為,但是當一次需要翻譯數種不同語系的結果時,在語系的切換或翻譯結果的紀錄上,均顯得格外麻煩與費時。

因此,本範例除了透過程式自動建立不同的工作表來作為內容的分類外,主要重點為藉由程式監聽試算表中的儲存格,當儲存格內有詞彙或句子的輸入後,立即會透過 Google Translate 的 API,自動將輸入的內容翻譯成所指定的數種語系結果,且翻譯後的內容還具有 Google 語音的超連結,以助於學習。

◇ 範例延伸

➤ 工作場所中常見的內容翻譯對照。

➤ 在背誦外語詞彙或句子時。

◇ 範例檔案

➤ 指令碼:ch03-自動翻譯 > 指令碼.docx

3.1 建立檔案

STEP 1 在雲端硬碟中,點擊「新增 > 資料夾」。

STEP 2 將資料夾命名為「ch3-自動翻譯」。

STEP 3 進入「ch3-自動翻譯」資料夾,並點擊「新增 > Google 試算表」。

STEP 4 將試算表的名稱改為「自動翻譯」,以及 A1 至 D1 儲存格中,依序輸入「繁體中文」、「簡體中文」、「英文」、「日文」。故 A 欄(繁體中文)為輸入所要被翻譯的詞彙或句子,其 B 欄(簡體中文)、C 欄(英文)與 D 欄(日文)會根據 A 欄的內容而自動翻譯所對應的語系。

3.2 編寫指令碼

3.2.1 文件設定

STEP 1 點擊「擴充功能 > Apps Script」，以開啟 IDE 編輯器。

STEP 2 在 IDE 編輯器中，將專案名稱修改為「Auto Translation」。

3.2.2 自動建立工作表

STEP 1 透過程式，在試算表中自動建立「學校」與「日常生活」兩個新工作表，撰寫程式碼與解說如下：

```
(01) function createSheets() {
(02)   var sheet = SpreadsheetApp.getActiveSpreadsheet();
(03)   var categories = [
(04)     '學校',
```

```
(05)       '日常生活'
(06)     ];
(07)     for(var i=0; i< categories.length; i++){
(08)       sheet.insertSheet(categories[i]);
(09)     }
(10)  }
```

◇ 解說

01：制定名為 createSheets() 的函式。

02：宣告名為 sheet 的變數，其值為與試算表中的所有工作表取得連接。

03 ～ 06：宣告名為 categories 的變數，其值為一組陣列，陣列中的每個字串皆為要在試算表中所要建立的工作表名稱。陣列中每筆內容的頭尾需加「'」單引號來表示內容為字串，當有兩筆以上的字串時須以「,」逗號進行區隔，最後一筆字串不需加逗號。

07：建立 for 迴圈，設定重點如下：

    (1) 宣告名為 i 的變數，且變數起始值為 0。

    (2) 判斷 i 值小於 categories.length（工作表的長度）的條件是否成立（此時 categories 的長度為 2），若條件成立時執行 i++;（即 i=i+1;）。

08：當 for 迴圈中的判斷式成立時，則會執行此行的內容。該段語法作用為，因為 i 值的增加而逐一讀取 categories 陣列中的每筆字串，並在試算表中以所獲得之字串進行工作表的新增。

3.2.3 自動翻譯

STEP 1 當試算表被編輯時則執行翻譯的動作，撰寫程式碼與解說如下：

```
(12) function onEdit(e) {
(13)     var ss = SpreadsheetApp.getActiveSheet();
(14)     var col = e.range.getColumn();
(15)     var row = e.range.getRow();
(16)     if(col === 1 && row >= 2){
(17)         // 翻譯成簡體中文並寫入儲存格
(18)         var cn = LanguageApp.translate(e.value, 'zh-tw', 'zh-cn');
(19)         var cnURL = '=HYPERLINK'+'("http://translate.google.com/
             translate_tts?ie=UTF-8&total=1&idx=0&textlen=32&client=tw-
             ob&q='+ cn + '&tl=zh-gb", "'+ cn +'")';
(20)         ss.getRange(row, col+1).setFormula(cnURL);
(21)         // 翻譯成英文並寫入儲存格
(22)         var en = LanguageApp.translate(e.value, 'zh-tw', 'en');
(23)         var enURL = '=HYPERLINK'+'("http://translate.google.com/
             translate_tts?ie=UTF-8&total=1&idx=0&textlen=32&client=tw-
             ob&q='+ en + '&tl=en-gb", "'+ en +'")';
(24)         ss.getRange(row, col+2).setValue(enURL);
(25)         // 翻譯成日文並寫入儲存格
(26)         var ja = LanguageApp.translate(e.value, 'zh-tw', 'ja');
(27)         var jaURL = '=HYPERLINK'+'("http://translate.google.com/
             translate_tts?ie=UTF-8&total=1&idx=0&textlen=32&client=tw-
             ob&q='+ ja + '&tl=ja-gb", "'+ ja +'")';
(28)         ss.getRange(row, col+3).setValue(jaURL);
(29)     }
(30) }
```

◈ 解說

12：制訂一個名為 onEdit(e) 的函式。傳入的參數 e 為儲存格被編輯時的事件參數。

13：宣告 ss 變數，其值為與試算表取得連接。

14：宣告 col 變數，其值為取得目前工作表中，已被選取的儲存格之欄。

15：宣告 row 變數，其值為取得目前工作表中，已被選取的儲存格之行。

16：建立 if() 條件判斷式，並判斷「col === 1」與「row >= 2」兩條件是否同時滿足。col 強至等於第一欄，也就是輸入繁體中文詞彙的欄位；row 的第一行為標題，故從第 2 行開始計算。

18～20：作用為翻譯成簡體中文並寫入儲存格。

18：宣告 cn 變數，其值運用了 Google 翻譯的 API，translate() 參數說明如下。

(1) e.value：資料來源指向目前在試算表中已被選取的儲存格值。

(2) zh-tw：翻譯來源語系為繁體中文的英文簡稱。

(3) zh-cn：翻譯結果語系為簡體中文的英文簡稱。

19：宣告 cnURL 變數，結合 Google 試算表的超連結函式，使網址為翻譯成簡體中文後的語音超連結網址，且超連結的文字為 cn 變數的結果。

20：首先利用 getRange 指令取得目前儲存格的行與欄 +1 欄，即為簡體中文的空儲存格，此時在該儲存格寫入一個值，其值為 cnURL 變數的結果。

22～24：此三段內容與 18～20 行相同，但其翻譯與語音超連結的結果為英文，須注意的為所要寫入儲存的欄數為 col+2。

26～28：此三段內容與 18～20 行相同，但其翻譯與語音超連結的結果為日文，須注意的為所要寫入儲存的欄數為 col+3。

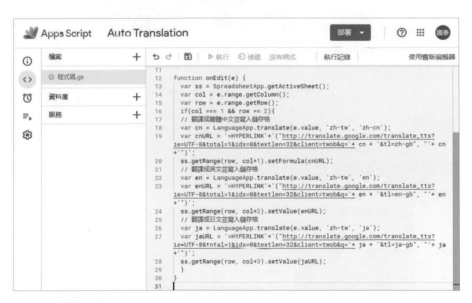

補充說明

翻譯的國家語系對照表。

> 網址：https://cloud.google.com/translate/docs/languages

3.3 執行指令碼

STEP 1 點擊「儲存」（Ctrl + S）。

STEP 2 選擇要執行的函式「createSheets」後，再點擊「執行」按鈕。

STEP 3 點擊「審查權限」。當要與其他 Google Apps 進行互動時，都必須取得權限。

STEP 4 點擊審查權限後，會跳出選擇帳戶的視窗，此時點擊您的帳戶。

STEP 5 點擊「進階」選項。

STEP 6　點擊「前往「Auto Translation」（不安全）」選項。

STEP 7　最後，點擊「允許」按鈕。當中也會列出該專案透過 API 可操作的內容與權限。

3.4 建立觸發條件

STEP 1 點擊左側「觸發條件」按鈕,以開啟觸發條件頁面。

STEP 2 在觸發條件頁面中,點擊右下角的「新增觸發條件」按鈕。

STEP 3 在觸發條件面板中,設定條件如下:

➤ 選擇您要執行的功能:onEdit。

➤ 選取活動類型:文件內容變更時。

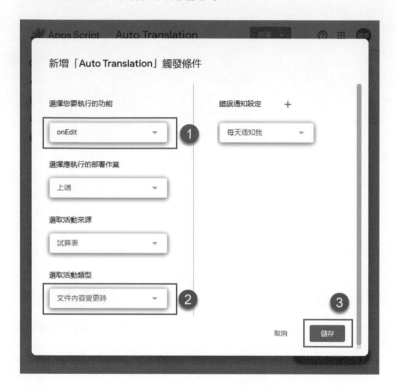

STEP 4 完成後可於列表中查看到剛剛設定的觸發條件。

3.5 執行結果

3.5.1 自動翻譯

STEP 1 返回 Google 試算表檔案中，可看見底下的工作表已透過程式而新增。

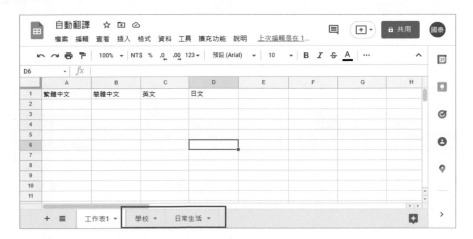

STEP 2 複製工作表 1 中的標題欄位。

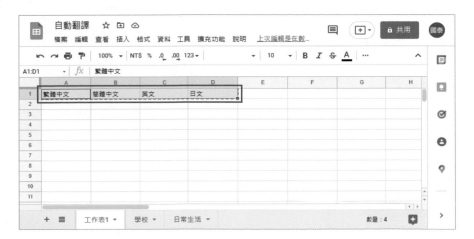

STEP 3 於「學校」與「日常生活」工作表中貼上標題，以學校工作表為例。

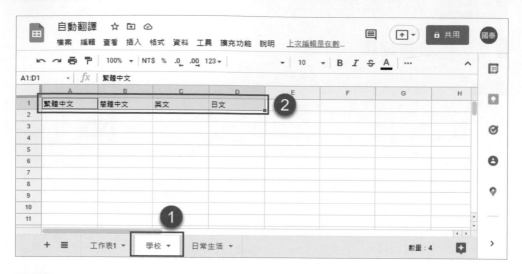

STEP 4 此時，於繁體中文的 A 欄中輸入詞彙，輸入完畢並按下 Enter 鍵。此時透過觸發條件，會自動翻譯其不同語系結果於同列的欄位中。

3.5.2 語音連結

STEP 1 點擊翻譯後語系的詞彙,會出現超連結的連結面板,可點擊該連結。

STEP 2 點擊連結後,會自動開啟該詞彙的語音頁面,此時可點擊播放按鈕進行聆聽。

STEP 3 在該網頁中，除了播放之外，還可點擊進階選項來下載該詞彙的語音
檔案。

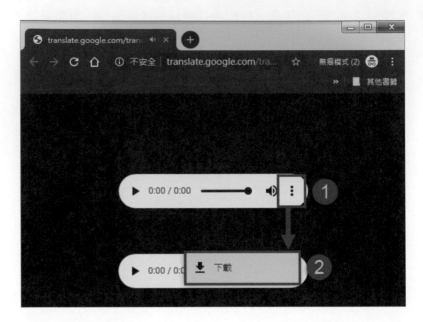

4

自動發信系統：
以生日祝福為例

◇ 範例說明

多數公司為了與顧客保持聯系，常會藉由註冊的方式來取得顧客的基本資料，使在特定的日期，如週年慶、某某祭、每月優惠或生日優惠等時期，透過簡訊或電子郵件等方式通知顧客，當中生日優惠的通知在系統操作上最為繁瑣，要先判斷顧客的生日日期與當下月份或當天日期是否符合，再寄送優惠通知；反之其他活動可一次性的通知所有顧客。

因此，本範例以自動發送生日祝福信件為例，藉由程式每日自動判斷生日欄位中的日期，若結果是符合系統當天日期時，則會自動寄出具有祝福信件到該顧客信箱。

◇ 範例延伸

➤ 公司人員、會員、顧客或朋友等人的生日祝福。

➤ 開會、約會、活動等重要日期的通知。

◇ 範例檔案

➤ 指令碼：ch04-自動發信系統 > 指令碼.docx

4.1 建立表單

STEP 1 在雲端硬碟中，點擊「新增 > 資料夾」。

STEP 2 將資料夾命名為「ch4-自動發信系統」。

STEP 3 進入「ch4-自動發信系統」資料夾，並點擊「新增 > 更多 > Google 表單」。

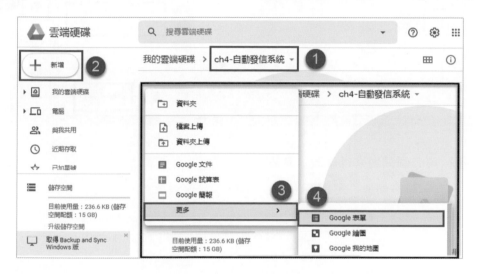

STEP 4 將 Google 表單的名稱改為「會員註冊申請」。

STEP 5 將預設的問題進行修改，其設定如下：

(1) 問答類型：簡答。

(2) 問題主旨：姓名。

(3) 必填：是。

(4) 新增問題。

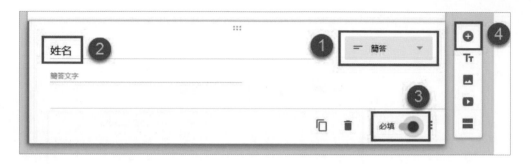

STEP 6 第二個問題進行修改，其設定如下：

(1) 問答類型：選擇題。

(2) 問題主旨：性別。

(3) 回答選項：男、女。

(4) 必填：是。

(5) 新增問題。

STEP 7 第三個問題進行修改，其設定如下：

(1) 問答類型：日期。

(2) 問題主旨：出生年月日。

(3) 必填：是。

(4) 新增問題。

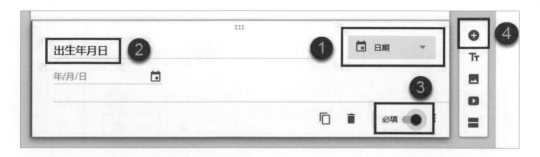

STEP 8 第四個問題進行修改，其設定如下：

(1) 問答類型：簡答。

(2) 問題主旨：手機號碼。

(3) 必填：是。

(4) 新增問題。

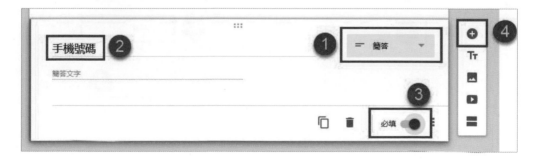

STEP 9 第五個問題進行修改，其設定如下：

(1) 問答類型：簡答。

(2) 問題主旨：電子信箱。

(3) 必填：是。

(4) 新增問題。

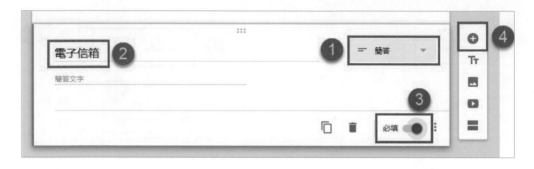

STEP 10 第六個問題進行修改，其設定如下：

(1) 問答類型：簡答。

(2) 問題主旨：居住縣市。

(3) 必填：是。

STEP 11 點擊「預覽」按鈕來瀏覽所設計的問卷。

STEP 12 此時，依據表單問題進行填寫，以建立一筆資料。

STEP 13 填寫完畢後，於 Google 表單的編輯頁面，可看見已有一筆資料的回覆。

STEP 14 切換至回覆的頁面，點擊「Google Sheet」按鈕，使將回覆的資料建立成試算表。

STEP 15 在建立試算表的視窗中，選取「建立新試算表」並將試算表名稱修改為「會員註冊名單」。

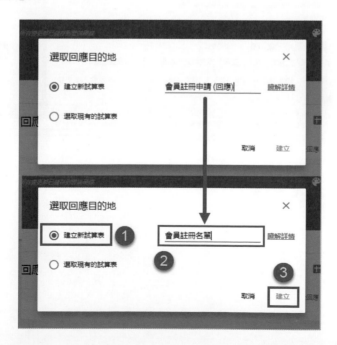

STEP 16 建立完畢後，於資料夾中可看見所新建立的試算表檔案。

STEP 17 開啟「會員註冊名單」試算表，並於最後一欄中手動新增「發送狀態」。

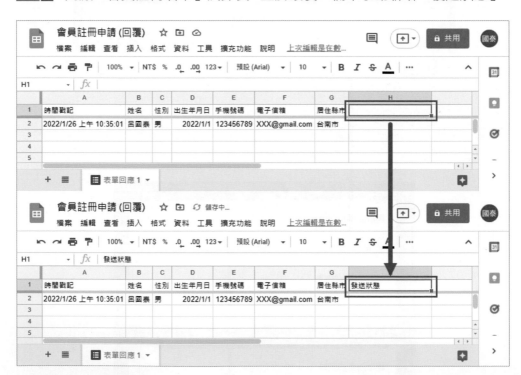

4.2 圖片上傳

在本範例的自動寄送信件中，會隨機搭配一張祝賀照片作為附件寄出，但 GAS 所允許的網址規範僅能是 https。因此，在沒有自己主機與 https 網址的情況下，必須藉由別的平台來處理祝賀的圖片，以獲得具有 https 的網址。

補充說明

若將圖片放在自己的雲端硬碟，所寄出的信件中是無法包含圖片的。

STEP 1 前往「imgur」網站。

➢ 網址：https://imgur.com/

STEP 2 於 imgur 網站中，點擊左上角的「New post」按鈕。

STEP 3 在上傳頁面中點擊「Browse」按鈕。

STEP 4 上傳 card1 ～ card3 三張圖片。

> ➤ 圖片路徑：ch04-自動發信系統 > card1.jpg ～ card3.jpg

STEP 5 上傳完畢後，於網頁中可檢視所上傳的三張圖片。

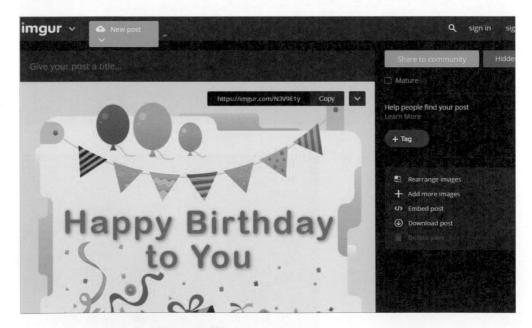

STEP 6 由於我們所需要的圖片網址，並非嵌入式網址。故在圖片上點擊「滑鼠右鍵 > 在新分頁中開啟圖片」。

STEP 7 複製圖片網址。

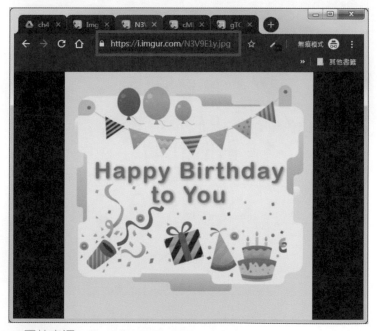

◆ 圖片來源：Freepik.com

STEP 8 依序 Step6 ～ Step7 步驟，取得剩餘兩張圖片網址。

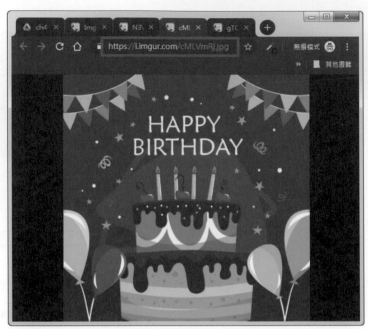

◆ 圖片來源：Freepik.com

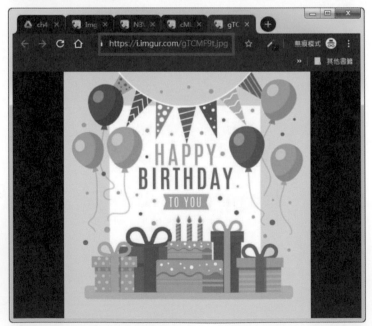

◆ 圖片來源：Freepik.com

STEP 9 所取得三張圖片網址如下（網址僅供參考，實際網址請依您所上傳的網址為主）。

> card1:https://i.imgur.com/N3V9E1y.jpg

> card2:https://i.imgur.com/cMLVmRj.jpg

> card3:https://i.imgur.com/gTCMF9t.jpg

4.3 編寫指令碼

4.3.1 文件設定

STEP 1 在「會員註冊名單」試算表中，點擊「檔案 > 設定」。

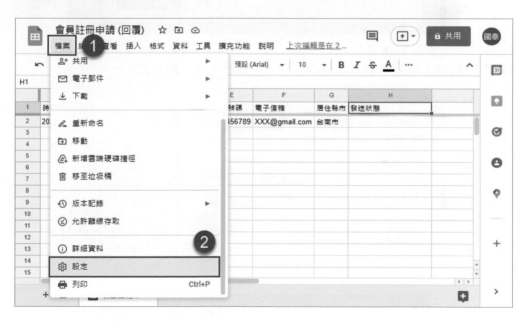

STEP 2 在設定視窗中，將時區修改為「GMT +08:00 Taipei」，並儲存設定。由於本專案會依照日期而進行自動寄信，因此在時區的部份須依所在地區來重新設定。

STEP 3 點擊「擴充功能 > Apps Script」，以開啟 IDE 編輯器。

STEP 4 在 IDE 編輯器中，將專案名稱修改為「AutoSendMail」。

4.3.2 圖片位置陣列

建立一組變數來表示 3 張祝賀圖片的網址。在祝賀信件中，會透過隨機的方式從此變數中隨機取出一個號碼，其號碼所代表的圖片則作為寄送信件的附件，撰寫程式碼與解說如下：

```
(01) var Image_URLS = {
(02)    1:'https://i.imgur.com/N3V9E1y.jpg',
(03)    2:'https://i.imgur.com/cMLVmRj.jpg',
(04)    3:'https://i.imgur.com/gTCMF9t.jpg'
(05) };
```

◇ 解說

01：宣告 Image_URLS 陣列變數，其值為三組圖片內容。

02 ～ 04：每個號碼對應一張圖片網址。網址為 4.2 小節所上傳的三張圖片。

4.3.3 隨機抽取一張圖片

透過程式，隨機產生一個數值後再從 Image_URLS 陣列中取得對應編號的內容且重新命名，撰寫程式碼與解說如下：

```
(07) function getImage() {
(08)    return UrlFetchApp
(09)    .fetch(Image_URLS[parseInt(Math.random() * (Object.keys(Image_
        URLS).length - 1) + 1)])
(10)    .getBlob()
(11)    .setName('生日賀卡');
(12) }
```

◇ 解說

07：制定名為 getImage() 的函式。

08 ～ 11：回傳資料。

09：UrlFetchApp.fetch()：發送請求並獲取回傳的網址，回傳的網址參數則透過 Math.random() 隨機產生一個數值後，在由 Image_URLS 陣列中取得對應編號的圖片網址資料，隨機產生的數值範圍為 Image_URLS 變數中內容的長度，產生 1~3 的數字。

10：getBlob()：儲存影像資料。

11：setName(' 生日賀卡 ')：重新命名為生日賀卡。

4.3.4 比對生日日期

於每日固定時間會執行發送信件的 sendEmails() 函式。執行時，每筆資料的生日日期會與當天的月份與天數兩條件進行比對，當兩條件皆符合時，會將該筆資料的訊息傳至 sendMail() 函式，以執行寄送信件動作。同時，會在該筆資料的第 8 欄寫入「已發送」文字作為確認發送信件後的提示，撰寫程式碼與解說如下：

```
(14)  function sendEmails() {
(15)    var ss = SpreadsheetApp.openByUrl(' 您的 Google 試算表網址 ');
(16)    var sheet = ss.getSheetByName(' 表單回應 1 ');
(17)    var lastRow = sheet.getLastRow();
(18)    var dataRange = sheet.getRange(1, 1, lastRow,6);
(19)    var data = dataRange.getValues();
(20)    for (var i = 1; i < data.length; ++i) {
(21)      var row = data[i];
(22)      var date = row[3];
```

```
(23)    var todayDate = new Date();
(24)    var todayDay = parseInt(todayDate.getDate());
(25)    var todayMonth = parseInt(todayDate.getMonth())+1;
(26)    var sheetDate = new Date(date);
(27)    var sheetDay = parseInt(sheetDate.getDate());
(28)    var sheetMonth = parseInt(sheetDate.getMonth())+1;
(29)    if((todayDay == sheetDay) && (sheetMonth == todayMonth)) {
(30)      var name = row[1];
(31)      sendMail(row[5]);
(32)      sheet.getRange(i+1, 8).setValue(' 已發送 ');
(33)      SpreadsheetApp.flush();
(34)    }
(35)  }
(36) }
```

◇ 解說

14：制訂一個名為 sendEmails() 的函式。

15：宣告 ss 變數，其值為透過試算表網址來取得連接。

16：宣告 sheet 變數，其值為指定試算表中的「表單回應 1」工作表。

17：宣告 lastRow 變數，其值為取得「表單回應 1」工作表中的最後一列是第幾列。

18：宣告 dataRange 變數，其值為取得「表單回應 1」工作表 A1 至最後一列的第 6 欄（特定範圍的儲存格）。

19：宣告 data 變數，其值為取得所有儲存格範圍中的值。

20：建立 for 迴圈，設定重點如下：

　　(1) 宣告名為 i 的變數，且變數起始值為 1。

　　(2) 判斷 i 值小於 data.length（儲存格的長度）的條件是否成立，若條件成立時執行 ++i;，同時也會執行迴圈中 21 ～ 34 行的指令碼。

21：宣告 row 變數，其值為指定儲存格範圍中的第 i 行中所有儲存格資料。

22：宣告 data 變數，其值為 row 變數結果中的第 3 筆資料（出生年月日）。

補充說明

在程式碼世界中，對於資料的索引值，是從 0 開始計算。

23：宣告 todayDate 變數，其值為當前的本地日期與時間。

24：宣告 todayDay 變數，其值為取得 todayDate 變數結果中的天數，並藉由 parseInt() 來將其結果轉為數值。

25：宣告 todayMonth 變數，其值為取得 todayDate 變數結果中的月份，並藉由 parseInt() 來將其結果轉為數值；且月份是從 0 開始計算，故須加 1 才符合實際結果。

26：宣告 sheetDate 變數，其值為返回指令碼中第 22 行，date 變數所取得的試算表中每筆顧客的出生年月日。

27：宣告 sheetDay 變數，其值為取得 sheetDate 變數結果中的天數，並藉由 parseInt() 來將其結果轉為數值。

28：宣告 sheetMonth 變數，其值為取得 sheetDate 變數結果中的月份，並藉由 parseInt() 來將其結果轉為數值；且月份是從 0 開始計算，故須加 1 才符合實際結果。

29：利用 if 條件判斷式，判斷今日天數與顧客生日天數；以及今日月份與顧客生日月份兩條件之結果是否都相同，若相同時執第 30 ～ 33 行的指令碼。

30：宣告 name 變數，其值為符合今天生日為原則的顧客姓名。

31：將顧客電子信箱資料帶入 sendMail() 函式中，使能將祝賀信件順利寄給顧客。

32：在每列的第 8 個欄位寫入「已發送」文字，作為是否寄送信件的判斷標準。

33：變更試算表，確保前述所執行的輸出或效果在繼續之前已寫入試算表。

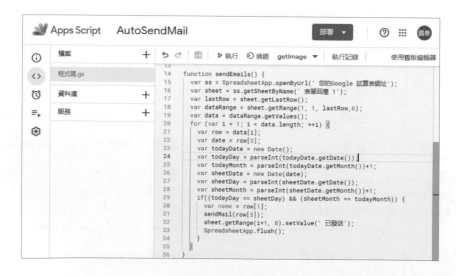

▌4.3.5 寄送電子信件

當 sendEmails() 函式中所執行的結果有符合發送信件條件時，會將在 sendEmails() 函式中所取得的顧客電子信箱資料傳給 sendMail(email) 函式，使能順利寄送電子信件給當天生日的顧客，且郵件內容中除了基本文字外，內容中還會插入由 getImage() 函式中所取得的祝賀圖片，撰寫程式碼與解說如下：

```
(38)  function sendMail(email) {
(39)    MailApp.sendEmail({
(40)    to: email,
(41)    subject: '祝賀您生日快樂',
(42)    htmlBody:
(43)      '<!DOCTYPE html>'+
(44)      '<html>'+
(45)          '<body>'+
(46)           '親愛的會員您好：<br/>'+
(47)           '<p style="font-family: 微軟正黑體 ; font-size:20px"> 祝您生日
                快樂。<br/> 願您的每一天都充滿了愛、歡笑、幸福和陽光。</p> <br/>'+
(48)           '<img src="cid:Img_URL" width="80%" height="90%">
                <br/><br/>'+
(49)           '<p> --XXX 有限公司 敬上 </p>'+
(50)          '</body>'+
(51)      '</html>',
(52)    inlineImages:
(53)      {
(54)        Img_URL: getImage()
(55)      }
(56)    });
(57)  }
```

◇ 解說

38：制訂一個名為 sendMail() 的函式，並將取得顧客電子信箱的參數值帶入函式中。

39：利用 Mail 的 API 來執行寄送信件的動作。

40：收件者等於顧客的電子信箱位置。其電子信箱位置為所帶入 sendMail() 函式的參數值。

41：信件主旨。

42 ～ 55：信件內容。以網頁結構的方式來編輯信件內容，內容中包含祝賀的圖片。

52：inlineImages 參數允許在 HTML 中插入圖片。

54：祝賀圖片來源則由 getImage() 所執行之結果。

4.3.6 調整時區

由於新版 IDE 編輯器中的時區預設為美國時區，且未提供相關選項來重新調整時區，此問題會造成本專案在時間判斷上的誤差，故須回到舊版編輯器中修改時區。

STEP 1 在 IDE 編輯器中點擊「使用傳統編輯器」按鈕。

STEP 2 關閉調查表單。

STEP 3 在舊版編輯器中,點擊「檔案 > 專案屬性」。

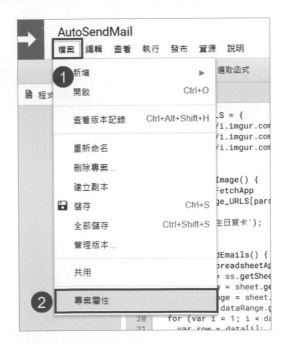

STEP 4 將時區調整為「(GMT +08:00) 台北」後點擊儲存按鈕。

專案屬性   ✕

資訊 範圍 指令碼屬性

屬性	值
名稱	AutoSendMail
說明	
上次修改日期	2022-04-02T06:34:31.119Z
專案金鑰	MDoOzkm9eQVWABs1zT9pWbbCelqghh4iM
指令碼 ID	10j_XrmM5u4SqaG-0hgywLw2ey5FuR1u2bc6Anen2jeJUSm81LBDss8f6
SDC 金鑰	68df4f02bf3ec1c4
時區 ①	(GMT+08:00) 台北 ▼

② 儲存   取消

STEP 5 點擊「使用新版編輯器」按鈕，使回到新版 IDE 編輯器。

AutoSendMail

檔案 編輯 查看 執行 發布 資源 說明

↶ ↷ ⊡ 💾 🕐 ▶ 🐞 選取函式 ▼ 💡 使用新版編輯器

📄 程式碼.gs ▼   程式碼.gs ✕

```
1  var Image_URLS = {
2    1:'https://i.imgur.com/N3V9E1y.jpg',
3    2:'https://i.imgur.com/cMLVmRi.jpg'
```

4.4 執行指令碼

STEP 1 點擊「儲存」(Ctrl + S)。

STEP 2 選擇要執行的函式「sendEmails」後,再點擊「執行」按鈕。

STEP 3 點擊「審查權限」按鈕。當要與其他 Google Apps 進行互動時,都必須取得權限。

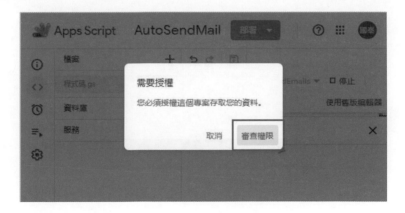

STEP 4 　點擊審查權限後，會跳出選擇帳戶的視窗，此時點擊您的帳戶。

STEP 5 　點擊「進階」選項。

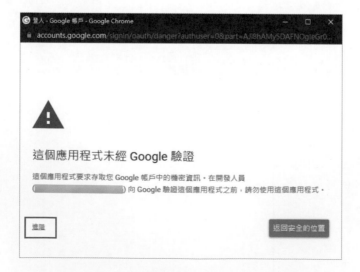

STEP 6　點擊「前往「AutoSendMail」（不安全）」選項。

STEP 7　最後，點擊「允許」按鈕。當中也會列出該專案透過 API 可操作的內容與權限。

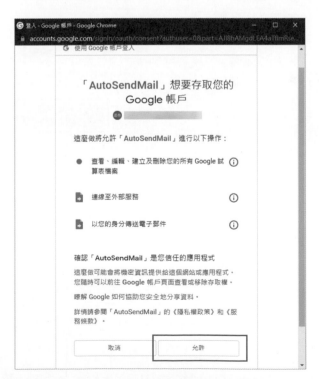

4.5 建立觸發條件

STEP 1 點擊左側「觸發條件」按鈕，以開啟觸發條件頁面。

STEP 2 在觸發條件頁面中，點擊右下角的「新增觸發條件」按鈕。

STEP 3 在觸發條件面板中，設定條件如下：

➤ 選擇您要執行的功能：sendEmails。

➤ 選取活動來源：時間驅動。

➤ 選取時間型觸發條件類型：日計時器。

➤ 選取時段：午夜到上午 1 點。

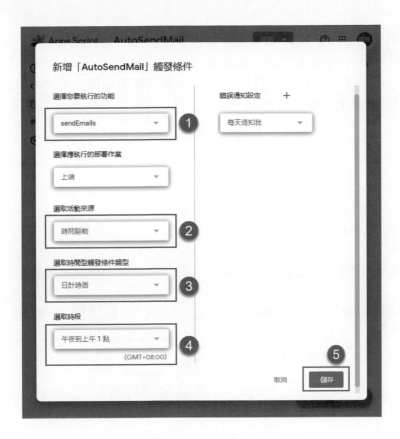

STEP 4 完成後可於觸發條件列表中查看到剛所設定的條件。

4.6 執行結果

可透過 Google Form 或於試算表中建立一筆以當下日期為主的資料以進行測試。測試的方式有兩種，如下：

1. 等待每日的觸發條件自動觸發，觸發後會判斷試算表中的生日是否有符合當天的日期，若有的話則會自動寄送信件。

2. 在 IDE 編輯器中選擇要執行的函式「sendEmails」後，再點擊「執行」按鈕，強迫程式立即執行，若試算表中的生日是否有符合當天的日期，則會自動寄送信件。

STEP 1 選擇要執行的函式「sendEmails」後，再點擊「執行」按鈕。

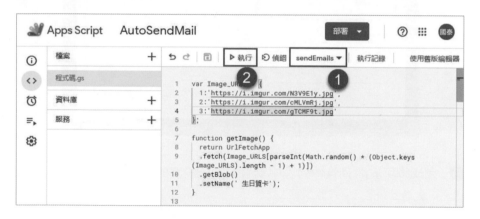

STEP 2 收到信件的畫面，如圖。

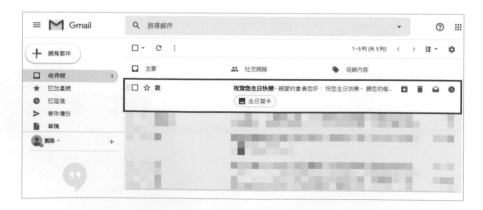

STEP 3　信件內容，如圖。

STEP 4　當試算表中有符合當天日期之資料，待程式觸發後，會於該筆資料的發送狀態儲存格中，自動填入「已發送」文字來表示已成功寄送信件。

Note

5

團隊開會日曆

◈ 範例說明

許多人已經習慣會將日常的工作事項或行程記錄在 Google 日曆中，也有企業會將空間或設備等借用情形記錄在 Google 日曆中。此作法對於訊息的檢閱上雖然一目了然，但若要將 Google 日曆中的紀錄轉換成工作績效、設備或空間使用率等報表時，較不便利。因為 Google 日曆所匯出的格式為 ics，此格式電腦是無法直接開啟，必須透過轉檔媒介來產出 excel 格式，如此才能進行統計與分析等動作。

因此，本範例以團隊開會為例，利用 Google 試算表來填寫每次會議資料，最後可在 Google 試算表中透過自定義的選項，直接將會議資料傳送到會議的 Google 日曆中並自動建立該筆資訊，同時也會自動寄出信件來通知參與會議的人員。

◈ 範例延伸

> 團隊會議。

> 個人或主管行程。

> 器材或空間等使用紀錄。

◈ 範例檔案

> 指令碼：ch05-團隊開會日曆 > 指令碼.docx

5.1 建立檔案

STEP 1 在雲端硬碟中，點擊「新增 > 資料夾」。

STEP 2 將資料夾命名為「ch5-會議管控」。

STEP 3 進入「ch5-會議管控」資料夾，在空白處點擊「滑鼠右鍵 > Google 試算表」。

STEP 4 於試算表中修改事項如下：

(1) 試算表名稱：會議列表。

(2) A1 至 J1 儲存格中，依序輸入「名稱」、「起始時間」、「結束時間」、「說明」、「地點」、「邀請對象 mail」、「事件顏色」、「提醒時間（分鐘）」、「發佈狀態」、「事件 ID」。

(3) 工作表名稱：list。

5.2 編寫指令碼

5.2.1 文件設定

STEP 1 點擊「檔案 > 設定」。

STEP 2 在設定視窗中，將時區修改為「GMT +08:00 Taipei」，並儲存設定。

STEP 3 點擊「擴充功能 > Apps Script」，以開啟 IDE 編輯器。

STEP 4 在 IDE 編輯器中，將專案名稱修改為「meeting」。

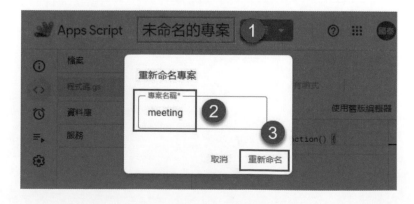

5.2.2 建立選單

為了更能自由操控程式的運作，而非每次都要進入 IDE 編輯器來執行，因此必須在現有的 Google 試算表中添加自己定義的選單，其選單所要執行的內容為指定的函式，藉此使自動化的操作上更加彈性，撰寫程式碼與解說如下：

```
(01) function onOpen() {
(02)   var sheet = SpreadsheetApp.getActiveSpreadsheet();
(03)   var menuItems = [
(04)     {name: "加入事件", functionName: "addEvents"}
(05)   ];
(06)   sheet.addMenu('建立日曆事件', menuItems);
(07) }
```

◇ 解說

01：使用預設的 onOpen() 函式，使開啟文件時執行當中指令碼。

02：宣告 sheet 變數，其值為與試算表取得連接。

03 ～ 05：宣告 menuItems 變數，其值為一組建立選單選項與觸發事件的內容，說明如下：

　　(1) name：表示為按鈕名稱（可隨意修改）。

　　(2) functionName：表示為所要執行函式名稱。

06：利用 addMenu() 函式使在試算表中加入一個選單按鈕於功能列中，參數說明如下：

　　(1) 第一個參數：表示為按鈕名稱（可隨意修改）。

　　(2) 第二個參數：表示為所要建立的選單內容。

5.2.3 將新事件新增至 Google 日曆中

此節將說明如何將 Google 試算表中的每筆資料變為日曆所能讀取的事件格式，且寫入到 Google 日曆中。

成功建立日曆事件的資料，會於該筆資料中加入已發佈文字作為程式判斷，往後當執行建立日曆事件選單時，只有資料狀態非已發佈狀態時，才會寫入到 Google 日曆中，撰寫程式碼與解說如下：

```
(09)  function addEvents(){
(10)    var ss = SpreadsheetApp.openById('Google 試算表 ID');
(11)    var sheet = ss.getSheetByName('工作表名稱');
(12)    var range = sheet.getDataRange();
(13)    var values = range.getValues();
(14)    var calendar = CalendarApp.getCalendarById('Google 日曆 ID');
(15)    for (var i = 1; i < values.length; i++) {
(16)      var Status = sheet.getRange(i+1,9).getValues();
(17)       if (Status != '已發佈') {
(18)         var eventTitle = '開會通知：' + values[i][0];
(19)         var start = values[i][1];
(20)         var end = values[i][2];
(21)         var eventColor = values[i][6];
(22)         var eventTime = values[i][7];
(23)         var options = {description: values[i][3], location: values[i]
              [4], sendInvites: true, guests: values[i][5]};
(24)         var event = calendar.createEvent(eventTitle, start, end,
              options).setColor(eventColor).addPopupReminder(eventTime);
(25)         var eventId = event.getId();
(26)         sheet.getRange(i+1,9).setValue('已發佈');
(27)         sheet.getRange(i+1,10).setValue(eventId);
(28)      }
(29)    }
(30)  }
```

◇ 解說

09：制定名為 addEvents() 的函式。

10：宣告 ss 變數，其值為以 Google 試算表的 ID 作為連結方式。

■ 取得 ID 規則：https://docs.google.com/spreadsheets/d/{ID}/edit#gid=0

11：宣告 sheet 變數，其值為連結試算表中的「list」工作表。

12：宣告名為 range 的變數，其值為取得「list」工作表中的儲存格。

13：宣告名為 values 的變數，其值為取得「list」工作表中儲存格的資料。

14：宣告名為 calendar 的變數，其值為利用 Google 日曆的 API 來與自己所建立的 Google 日曆取得連接。

15：建立 for 迴圈，設定重點如下：

(1) 宣告名為 i 的變數，且變數起始值為 1。

(2) 判斷 i 值小於 values.length（資料的長度）的條件是否成立，若條件成立時執行 i++;，同時也會執行迴圈中第 16 ～ 27 行的指令碼。

16：宣告名為 Status 的變數，其值為取得「list」工作表中，每列中第 9 欄位的儲存格資料。

17：利用 if 條件判斷式，判斷每筆資料的狀態是否為已發佈，當不等於時執第 18 ～ 27 行的指令碼。

18：宣告名為 eventTitle 的變數，其值為「開會通知」文字，加上每筆資料中索引值為 0 的內容（試算表中的「名稱」），同時也是建立日曆事件中的第一個參數資料。

19：宣告名為 start 的變數，其值為每筆資料中索引值為 1 的內容（試算表中的「起始時間」），同時也是建立日曆事件中的第二個參數資料。

20：宣告名為 end 的變數，其值為每筆資料中索引值為 2 的內容（試算表中的「結束時間」），同時也是建立日曆事件中的第三個參數資料。

21：宣告名為 eventColor 的變數，其值為每筆資料中索引值為 6 的內容（試算表中的「事件顏色」）。

22：宣告名為 eventTime 的變數，其值為每筆資料中索引值為 7 的內容（試算表中的「提醒時間 (分鐘)」）。

23：宣告名為 options 的變數，其變數結果為建立日曆事件中的第四個參數，說明如下：

(1) description：其值為每筆資料中索引值為 3 的內容（試算表中的「說明」）。

(2) location：其值為每筆資料中索引值為 4 的內容（試算表中的「地點」）。

(3) sendInvites：如果為 true，則發送電子郵件，否則為 false。

(4) guests：其值為每筆資料中索引值為 5 的內容（試算表中的「邀請對象 mail」）。

24：宣告名為 event 的變數，其值為將變數結果彙整以建立 Google 日曆事件，同時設定事件顏色與增加提示時間。

25：宣告名為 eventide 的變數，其值為新增事件的 ID。

26：若成功建立事件後，於每筆資料中的第 9 欄位寫入「已發佈」文字，作為往後是否建立事件的判斷標準。

27：若成功建立事件後，於每筆資料中的第 10 欄位寫入該事件的 ID。

補充說明

createEvent（title, startTime, endTime, args）之參數說明如下：

(1) title：String 類型。指定新事件的主題。

(2) startTime：Date 類型。指定事件的開始日期和時間。

(3) endTime：Date 類型。指定事件的結束日期和時間。

(4) args：Object 類型，且可省略此參數，若須加入時可擴展內容如下：

> description：String 類型。指定新事件的描述。

> location：String 類型。指定事件位置。

> guests：String 類型。邀請參加活動的對象的電子郵件地址。

> sendInvites：Boolean 類型。如果為 true，則發送電子郵件，否則為 false。

補充說明

Google 日曆中允許的事件顏色如網址。

> 網址：https://developers.google.com/apps-script/reference/calendar/event-color

5.2.4 建立 Google 日曆

STEP 1　前往日曆 App。

STEP 2　點擊「＋ > 建立新日曆」。

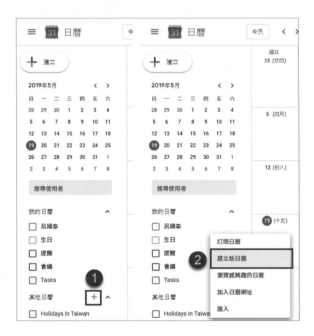

STEP 3　填寫相關欄位後，點擊「建立日曆」按鈕，以完成建立。

STEP 4　建立後，於我的日曆設定中，可看見剛所建立的「公司會議」，之後點擊返回按鈕。

STEP 5　點擊公司會議的「進階設定 > 設定和共用」選項。

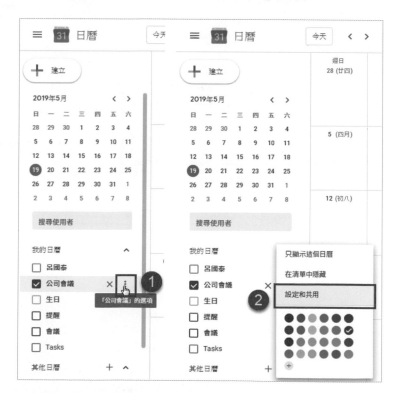

STEP 6 在設定面板中，複製「日曆 ID」。

STEP 7 於 IDE 編輯中，貼上所複製的日曆 ID。

STEP 8 點擊「儲存」（Ctrl + S）。

5.3 執行指令碼

STEP 1 重新整理會議列表試算表網頁,重新整理後會於功能列中查看到「建立日曆事件」選單。

STEP 2 於試算表中的 A2 ～ J2 欄位中,依照 A1 ～ J1 欄位的標題而建立一筆資料。若邀請對象 mail 有多人時,每筆信箱須以小寫的「,」逗點進行區隔。

STEP 3 同時選取「B 欄與 C 欄 > 格式 > 數值 > 日期時間」來修改資料的格式。

STEP 4 點擊「建立日曆事件 > 加入事件」。

STEP 5 在跳出的需要授權視窗中，點擊「繼續」按鈕。

STEP 6 同意授權後，會跳出選擇帳戶的視窗，此時點擊您的帳戶。

STEP 7 點擊「進階」選項。

STEP 8 點擊「前往「meeting」（不安全）」選項。

STEP 9 最後，點擊「允許」按鈕。當中也會列出該專案透過 API 可操作的內容與權限。

STEP 10 再次點擊試算表中的「建立日曆事件 > 加入事件」，此時會將試算表中的所有欄位資料寫入日曆。

STEP **11** 建立成功後，程式會於「發佈狀態」與「事件 ID」欄位中自動寫入資料。

STEP **12** 同時，在日曆中可查看到透過試算表而所建立的會議內容。

補充說明

待日曆建立事件後，同時也會寄信給與會者，與會者的信箱為試算表中邀請對象 mail 的資料。

與會者收到信件後可選擇是否參與該會議。

5.4 建立下拉式選單

在建立會議資料的過程中，為了避免因為不同人員建置後，導致需要一致的內容產生多種版本。

故此章節將針對需要一致性的內容建立下拉式選單，藉此統一輸入的內容；另一優點為往後維護與新增內容時較為便利。

5.4.1 建立事件顏色

STEP 1 於試算表中，新增一個工作表並重新命名為「事件顏色」。

STEP 2 於事件顏色工作表中輸入關於顏色的內容，輸入內容請參閱圖片。

5.4.2 建立提醒時間

STEP 1 於試算表中，新增一個工作表並重新命名為「提醒時間」。

STEP 2 於提醒時間工作表中輸入關於時間的內容，輸入內容請參閱圖片。

5.4.3 建立會議室

STEP 1 於試算表中，新增一個工作表並重新命名為「會議室」。

STEP 2 於會議室工作表中輸入關於會議室的內容，輸入內容請參閱圖片。

補充說明

爾後若要新增或修正「會議室」、「事件顏色」與「提醒時間（分鐘）」三種內容時，直接於對應的工作表中進行內容的新增或修正即可。

5.4.4 編寫下拉式選單指令

此章節會將試算表中的「事件顏色」、「提醒時間」與「會議室」三個工作表中的內容建立成下拉式選單，並於「list」工作表中呈現。

STEP 1 點擊「擴充功能 > Apps Script」，以開啟 IDE 編輯器。

STEP 2 在 IDE 編輯器中，點擊「檔案 > 新增 > 指令碼」。

STEP 3 將指令碼命名為「DropdownList」。

STEP 4 撰寫程式碼與解說如下：

```
(01) function DropdownList(){
(02)   var ss = SpreadsheetApp.openById('Google 試算表 ID');
(03)   var sheet = ss.getSheets()[0];
(04)   // 事件顏色
(05)   var ColorList = ss.getSheetByName(' 事件顏色 ').getRange('B2:B12');
(06)   var ColorArrayValues = ColorList.getValues();
(07)   var ColorrangeRule = SpreadsheetApp.newDataValidation().requireVal
       ueInList(ColorArrayValues);
(08)   // 提醒時間
(09)   var MinuteList = ss.getSheetByName(' 提醒時間 ').getRange('A2:A8');
(10)   var MinuteArrayValues = MinuteList.getValues();
```

```
(11)    var MinuterangeRule = SpreadsheetApp.newDataValidation().requireVa
        lueInList(MinuteArrayValues);
(12)    // 會議室
(13)    var LocationList = ss.getSheetByName(' 會議室 ').getRange('A2:A5');
(14)    var LocationArrayValues = LocationList.getValues();
(15)    var LocationrangeRule = SpreadsheetApp.newDataValidation().require
        ValueInList(LocationArrayValues);
(16)    var lastRow = sheet.getLastRow();
(17)    sheet.getRange(2, 7, lastRow-1).setDataValidation(ColorrangeRule);
(18)    sheet.getRange(2, 8, lastRow-1).setDataValidation(MinuterangeRule);
(19)    sheet.getRange(2, 5, lastRow-1).setDataValidation(LocationrangeRule);
(20) }
```

◇ 解說

01：制定名為 DropdownList() 的函式。

02：宣告 ss 變數，其值為以 Google 試算表的 ID 作為連結方式。

■ 取得 ID 規則：https://docs.google.com/spreadsheets/d/{ID}/edit#gid=0

03：宣告名為 sheet 的變數，其值為指向試算表中的第一個工作表（list）。若要指定其他工作表時，可修正 [ ] 中的索引值數字。

05：宣告名為 ColorList 的變數，其值為取得試算表中的「事件顏色」工作表中 B2 ～ B12 儲存格。

06：宣告名為 ColorArrayValues 的變數，其值為取得 ColorList 變數中所指定儲存格範圍之資料。

07：宣告名為 ColorrangeRule 的變數，其值為設置一組驗證規則，規則內容為 ColorArrayValues 變數之結果，也就是下拉式選單內容的資料。

09：宣告名為 MinuteList 的變數，其值為取得試算表中的「提醒時間」工作表中 A2 ～ A8 儲存格。

10：宣告名為 MinuteArrayValues 的變數，其值為取得 MinuteList 變數中所指定儲存格範圍之資料。

11：宣告名為 MinuterangeRule 的變數，其值為設置一組驗證規則，規則內容為 MinuteArrayValues 變數之結果，也就是下拉式選單內容的資料。

13：宣告名為 LocationList 的變數，其值為取得試算表中的「會議室」工作表中 A2 ～ A5 儲存格。

14：宣告名為 LocationArrayValues 的變數，其值為取得 LocationList 變數中所指定儲存格範圍之資料。

15：宣告名為 LocationrangeRule 的變數，其值為設置一組驗證規則，規則內容為 LocationArrayValues 變數之結果，也就是下拉式選單內容的資料。

16：宣告名為 lastRow 的變數，其值為第一個工作表（list）中的最後一行之行數。

17：取得「list」工作表中的第 2 行之第 7 欄（G2 儲存格）開始至有資料的最後一行之儲存格範圍，並將 ColorrangeRule 變數（事件顏色）的結果設為下拉式選單。

18：取得「list」工作表中的第 2 行之第 8 欄（H2 儲存格）開始至有資料的最後一行之儲存格範圍，並將 MinuterangeRule 變數（提醒時間）的結果設為下拉式選單。

19：取得「list」工作表中的第 2 行之第 5 欄（E2 儲存格）開始至有資料的最後一行之儲存格範圍，並將 LocationrangeRule 變數（會議室）的結果設為下拉式選單。

5.4.5 執行指令碼

STEP 1 點擊「儲存」（Ctrl + S）。

STEP 2 選擇要執行的函式「DropdownList」後，再點擊「執行」按鈕。

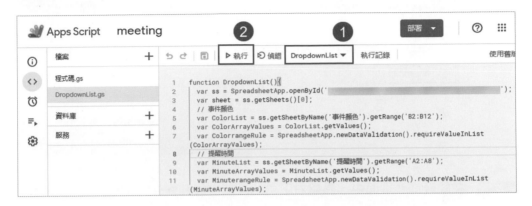

STEP 3 回到試算表的 list 工作表中，此時「地點」、「事件顏色」與「提醒時間（分鐘）」三個欄位的儲存格已經改為「下拉式選單」的形式，便於往後在建置會議資料時，該三者欄位的內容能具有一致性。

5.5 建立觸發條件

STEP 1 點擊左側「觸發條件」按鈕，以開啟觸發條件頁面。

STEP 2 在觸發條件頁面中，點擊右下角的「新增觸發條件」按鈕。

STEP 3 在觸發條件面板中,設定條件如下:

➤ 選擇您要執行的功能:DropdownList。

➤ 選取活動類型:文件內容變更時。

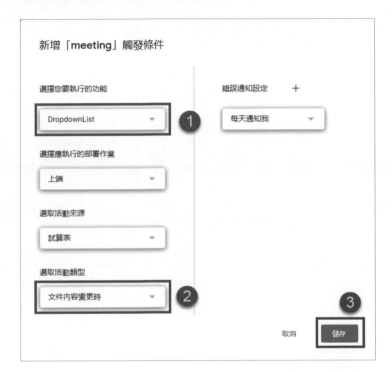

STEP 4 往後,只要在新的儲存格輸入資料時,於該行的「會議室」、「事件顏色」與「提醒時間(分鐘)」儲存格都會自動改為下拉式選單。

5.6 執行結果

STEP 1 建置一筆新會議內容後，點擊「建立日曆事件 > 加入事件」。

STEP 2 建立成功後，程式會於「發佈狀態」與「事件 ID」中，自動寫入資料。

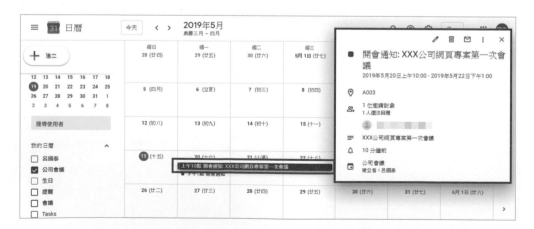

STEP 3 成功發佈後，在日曆中即可查看透過試算表建立的會議內容，當中「事件顏色」與「提醒時間」兩種內容與在試算表中設定的結果相同。

補充說明

Google 日曆的提醒時間預設為 30 分鐘，且會以鬧鐘與電子郵件進行通知。若要修改此設定，可點擊該日曆的「設定 > 設定和共用」選項進行調整。

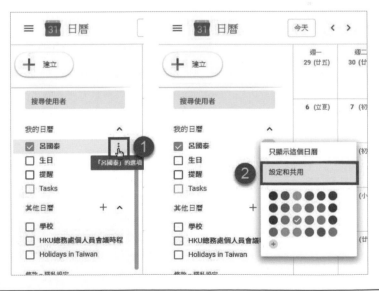

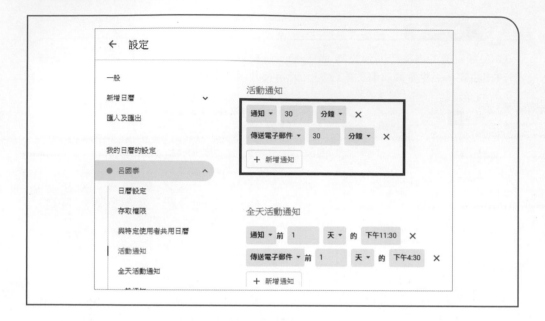

6

CHAPTER

檔案下載列表

◇ 範例說明

免費的 Google 帳戶具有 15G 的雲端硬碟空間，除了方便自己使用外，也方便將雲端硬碟中的檔案共用給他人編輯、檢視或下載。由於連結的網址較長且不易記，使每次要下載資料時必須先登入 Google 再去找尋該資料。

為了省去登入動作並利於自己與他人下載雲端中的檔案，本範例會自動抓取雲端硬碟中指定資料夾內的檔案，並利用 Google 試算表來記錄所抓取的檔案清單，同時會將清單資料轉為網頁，當自己與他人連線該網頁時，就可直接下載檔案。

◇ 範例延伸

➤ 團隊內或教學時的檔案下載。

➤ 朋友間檔案的分享與下載。

◇ 範例檔案

➤ 指令碼：ch06-檔案下載列表 > 指令碼.docx

6.1　建立檔案

STEP 1　在雲端硬碟中，點擊「新增 > 資料夾」。

STEP 2 將資料夾命名為「ch6-檔案下載列表」。

STEP 3 進入「ch6-檔案下載列表」資料夾，在空白處點擊「滑鼠右鍵 > Google 試算表」。

STEP 4 於試算表中修改事項如下：

(1) 試算表名稱：檔案下載列表。

(2) 工作表名稱：list。

6.2 編寫指令碼

6.2.1 文件設定

STEP 1 點擊「檔案 > 設定」。

STEP 2 在設定視窗中，將時區修改為「GMT +08:00 Taipei」，並儲存設定。

STEP 3　點擊「擴充功能 > Apps Script」，以開啟 IDE 編輯器。

STEP 4　在 IDE 編輯器中，將專案名稱修改為「FileList」。

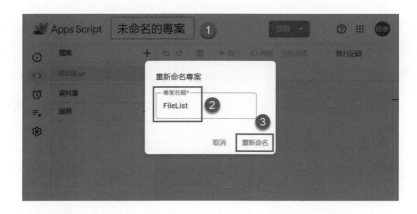

6.2.2　建立 doGet()

在一個專案中可能會建立多個 .html 網頁檔案，為了讓網頁在執行時可找到所謂的首頁（進入點）。同時，在專案中也會有多個 .gs 檔案以及多個 function() 函式，利用 doGet 是第一個要被執行的 function 特性，從中指定網頁的首頁檔案名稱。

GAS 預設是無法直接顯示網頁檔案的，因此需要要透過一個轉換的過程，使將頁面或 UI 轉換個一個真正的 HTML 檔案，這時必須使用 HtmlService 來達成目的，撰寫程式碼與解說如下：

```
(01) var sheet = SpreadsheetApp.getActiveSpreadsheet().getSheetByName('list');
(02)
(03) function doGet(e) {
(04)     return HtmlService.createTemplateFromFile('index').evaluate().
        setTitle(' 檔案下載 ');
(05) }
```

◇ 解説

01：宣告名為 sheet 的變數，其值為與試算表及工作表取得連接。

03：制定名為 doGet() 的函式，使開啟網址時會執行此函式內容。

04：回傳資料。説明如下：

    (1) HtmlService.createTemplateFromFile('index')：建立 Template(模板)，且首頁指定為 index 網頁檔案。

    (2) evaluate()：將變數值輸出到前端頁面。

    (3) setTitle()：設定網頁標題為檔案下載。

6.2.3 建立選單

為了更能自由操控程式的運作，而非每次都要進入 IDE 編輯器來執行，因此必須在現有的 Google 試算表中添加自己所定義的選單，其選單所要執行的內容為指定的函式，藉此使自動化的操作上更加彈性，撰寫程式碼與解説如下：

```
(07)  function onOpen() {
(08)    var sheet = SpreadsheetApp.getActive();
(09)    var menuItems = [
(10)      {name: '載入清單', functionName: 'listFilesInFolder'}
(11)    ];
(12)    sheet.addMenu('雲端硬碟', menuItems);
(13)  }
```

◇ 解説

07：使用預設的 onOpen() 的函式，使開啟文件時執行當中指令碼。

08：宣告 sheet 變數，其值為與試算表取得連接。

09 ～ 11：宣告 menuItems 變數，其值為一組資料以作為選單內容，說明如下：

(1) name：表示為按鈕名稱（可隨意修改）。

(2) functionName：表示為所要執行函式名稱。

12：利用 addMenu() 函式使在試算表中加入一個選單按鈕於功能列中，參數說明如下：

(1) 第一個參數：表示為按鈕的名稱（可隨意修改）。

(2) 第二個參數：表示為所要建立的選單內容。

6.2.4 建立檔案存放位置

STEP 1 於「ch6-檔案下載列表」中，在空白處點擊「滑鼠右鍵 > 新資料夾」。

STEP 2 將資料夾命名為「file」。

STEP 3 進入「file」資料夾，並上傳相關圖檔。

➤ 圖檔：ch06-檔案下載列表

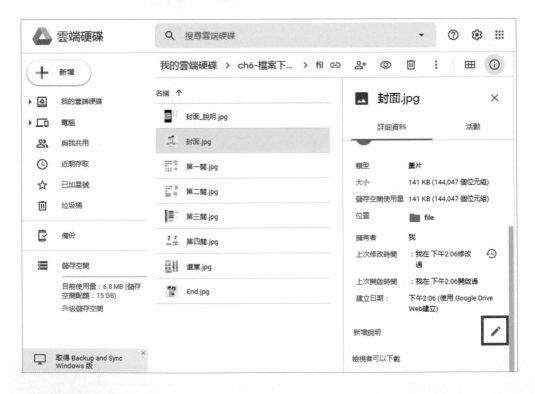

STEP 4 由於本範例結果會以網頁呈現，因此程式執行後的結果需要直接回傳到 HTML 介面，故需使用 HTML service，撰寫程式碼與解說如下：

```
(15) function listFilesInFolder() {
(16)    sheet.clear();
(17)    sheet.appendRow(['Name', 'Date', 'Size', 'URL', 'Download',
        'Description']).setFrozenRows(1);
(18)    var folderId = ' file資料夾 ID';
(19)    var folder = DriveApp.getFolderById(folderId);
(20)    var contents = folder.getFiles();
(21)    var cnt = 0;
(22)    var file;
(23)    while (contents.hasNext()) {
(24)      var file = contents.next();
(25)      cnt++;
(26)       data = [
(27)          file.getName(),
(28)          file.getDateCreated(),
(29)          file.getSize(),
(30)          file.getUrl(),
(31)          'https://docs.google.com/uc?export=download&confirm=no_
             antivirus&id=' + file.getId(),
(32)          file.getDescription(),
(33)        ];
(34)      sheet.appendRow(data);
(35)    };
(36) };
```

◇ 解說

15：制定名為 listFilesInFolder() 的函式。

16：清除 list 工作表中所有的內容。

17：透過 appendRow() 指令使在試算表中增加一行標題，同時透過 setFrozenRows() 指令來鎖定第一行（標題列）。

18：宣告名為 folderId 的變數，其值為 Step2 所建立之 file 資料夾的 ID。

19：宣告名為 folder 的變數，其值為使用雲端硬碟的 API 來與雲端硬碟中的 file 資料夾取得連接。

20：宣告名為 contents 的變數，其值為取得 file 資料夾中的檔案。

21：宣告名為 cnt 的變數，其值為 0。

22：宣告名為 file 的變數，其值為空內容。

23：判斷 while() 函式中的 contents.hasNext() 條件是否為真，若條件成立時則執行 while() 函式的內容，直到條件不符合為止。

24：宣告名為 file 的變數，其值為利用 next() 函式來獲取 file 資料夾中的檔案。

補充說明

一般在歷遍所有對象時，會使用 hasNext() 和 Next() 兩函式，此方法常用在顯示搜尋結果或是目錄清單等結果中。

25：對 cnt 變數執行 +1 動作。

26 ～ 33：取得所獲得檔案的詳細資訊，並存入 data 變數中。

27：取得檔案的名稱。

28：取得檔案的建立日期與時間。

29：取得檔案的大小。

30：取得檔案在雲端硬碟中的網址。

31：取得檔案的下載網址。

32：取得檔案的說明。

34：將所獲得 data 的變數值，增加於試算表中。

STEP 5 從網址中，複製「file」資料夾的 ID。

> 取得 ID 說明：https://drive.google.com/drive/folders/{ID}

STEP 6 於第 18 行貼上 file ID，使與 file 資料夾取得連結。

■ 6.2.5 取得試算表中所有資料

透過上述小節之結果，可獲得 file 資料夾中的所有檔案資訊並寫入到 list 工作表中。

由於，最終結果是透過網頁來呈現 list 工作表中的每筆資料，故須先取得工作表中資料的所有資料，之後再與網頁中的指令碼互相搭配，使其於網頁中能陳列出每筆資料，撰寫程式碼與解說如下：

```
(38) function getData() {
(39)   var data = sheet.getRange(2,1,sheet.getLastRow()-1, sheet.
       getLastColumn()).getValues();
(40)   return data;
(41) }
```

◇ 解說

38：制定名為 getData() 的函式。

39：宣告 data 變數，其值為取得試算表中第二行至最後一行，以及第一欄至最後一欄中所有儲存格的資料。

40：返回資料。

6.3 建立網頁

6.3.1 建立 HTML 檔案

STEP 1 在 IDE 編輯器中，點擊「檔案 > 新增 > HTML 檔案」。

STEP 2 將 HTML 檔案命名為「index」。

STEP 3 預設的 HTML 檔案已具備 HTML 相關標籤。

補充說明

在 <head> ～ </head> 標籤中的 <base target="_top"> 是不可刪除的。因 Google 為了保護用戶免受惡意 HTML 或 JavaScript 的攻擊,故 Google Apps Script 是採用 iframe 的方式來載入內容,所以當網頁中少了 <base target="_top"> 此段語法時就無法載入內容。

STEP 4　撰寫程式碼與解說如下:

```
(01) <!DOCTYPE html>
(02) <html>
(03) <head>
(04)     <meta charset="UTF-8">
(05)     <meta name="viewport" content="width=device-width, initial-
         scale=1.0">
(06)     <meta http-equiv="X-UA-Compatible" content="ie=edge">
(07)     <title>檔案下載</title>
(08)     <link rel="stylesheet" href="https://stackpath.bootstrapcdn.
         com/bootstrap/4.3.1/css/bootstrap.min.css" integrity="sha384-
         ggOyR0iXCbMQv3Xipma34MD+dH/1fQ784/j6cY/iJTQUOhcWr7x9Jvo
         RxT2MZw1T" crossorigin="anonymous">
(09)     <base target="_top">
(10)
(11) </head>
(12) <body>
(13)     <div class="container">
(14)         <div class="row">
(15)             <div class="col-12">
(16)                 <h1 class="text-primary text-center mt-5 mb-3">
                     檔案下載</h1>
(17)                 <ul>
(18)                     <? var data = getData();  for (var i = 0; i
                         < data.length; ++i) { ?>
(19)                     <li>
(20)                         <span><?= data[i][0] ?></span>
(21)                         <a href="<?= data[i][4] ?>">下載</a>
(22)                     </li>
(23)                     <? } ?>
(24)                 </ul>
(25)             </div>
(26)         </div>
(27)     </div>
(28) </body>
(29) </html>
```

◇ 解說

01：文件類型。其作用為用來說明，目前網頁所編寫 HTML 的標籤是採用什麼樣的版本。

02 ～ 29：<html> ～ </html> 標籤，定義網頁的起始點與結束點。

03 ～ 11：<head> ～ </head> 標籤，定義網頁開頭的起始點與結束點。

04：網頁編碼為中文。

05：設定網頁在載具上的縮放基準。

06：設置網頁的兼容性。

07：網頁標題為「檔案下載」。

08：載入 Bootstrap 的 CDN CSS 樣式文件。

09：此網頁會以 iframe 的方式載入。

12 ～ 28：<body> ～ </body> 標籤，定義網頁內容的起始點與結束點。

13：建立 <div> 標籤並加入 container 類別以建立固定寬度的佈局。

14：建立 <div> 標籤並加入 row 類別以建立水平群組列。

15：建立 <div> 標籤並加入 col-12 類別進行網格佈局，使當中內容在任何的載具中均以 12 格欄寬呈現。

16：建立 <h1> 標籤作為內容的標題，以及在 <h1> 標籤中所要加入的類別如下：

　　(1) text-primary：文字顏色改為藍色。

　　(2) text-center：文字改為置中對齊。

　　(3) mt-5：調整上方外距的距離。

　　(4) mb-3：調整下方外距的距離。

17 ～ 24：建立 <ul> ～ <ul> 來定義一組項目清單列表。

18 ～ 23：建立判斷條件，當條件滿足實時則會執行第 19 行至第 22 行的內容，第 18 行指令說明條件如下：

　　(1) 宣告 data 變數，其值等於執行 getData() 函式後的結果。

　　(2) 建立 for 迴圈，設定重點如下：

A. 宣告名為 i 的變數，且變數起始值為 0。

B. 判斷 i 值小於 data.length（工作表的長度）的條件是否成立，若條件成立時執行 ++i;。

補充說明

在 html 中，若要取得指令碼中的某內容時，須藉由 <? ｛執行條件｝ ?> 方式來取得，且每行執行條件都必須加上此方式作為程式的起始點於結束點。

19：建立 <li> ～ </li> 項目清單。

20：在項目清單中，先列出第 0 欄的檔案名稱。

21：在項目清單中，最後利用 <a> 標籤特性，將第 4 欄的下載網址作為超連結。

▊ 6.3.2 建立 CSS 樣式

為了美化整體的樣式，於第 10 行中新增 style 樣式，撰寫程式碼與解說如下：

```
(10)  <style>
(11)    body{
(12)        font-family: 'Microsoft JhengHei';
(13)    }
(14)    .download-list{
(15)        padding: 0;
(16)        list-style: none;
(17)    }
(18)    .download-list li{
(19)        padding: 15px 5px;
(20)        border-bottom: 1px solid #999;
(21)    }
(22)    .download-list li:nth-last-child(1){
(23)        border-bottom: 0;
(24)    }
(25)    .download-list li a{
(26)        margin-left: 10px;
(27)        padding: 5px 15px;
(28)        background: #333;
(29)        color: #fff;
(30)        border-radius: 20px;
(31)        text-decoration: none;
(32)    }
(33)    .download-list li a:hover{
(34)        background: #666;
(35)    }
(36)  </style>
```

◇ 解說

10 ～ 36：建立 <style> ～ </style> 標籤，定義 CSS 樣式訊息。

11 ～ 13：建立 body 樣式名稱，其樣式為將網頁中的字型改為微軟正黑體。

14 ～ 17：建立 download-list 樣式名稱，其樣式為清除 <ul> 項目清單列表的預設值。

18 ～ 21：建立 download-list li 樣式名稱，其樣式為增加 <li> 項目清單的內距距離與增加底線樣式。

22 ～ 24：建立 download-list li:nth-last-child(1) 樣式名稱，其樣式為將最後一個 <li> 項目清單的底線尺寸歸零。

25 ～ 32：建立 download-list li a 樣式名稱，其樣式為針對 <li> 項目清單中的 <a> 標籤之樣式，樣式結果依序如下：

(1) 向左的邊距。

(2) 四個方位的內距。

(3) 背景顏色。

(4) 文字顏色。

(5) 圓角。

(6) 超連結的文字底線隱藏。

22 ～ 35：建立 download-list li a:hover 樣式名稱，其樣式為 <a> 標籤在滑鼠滑入時背景顏色會進行更換。

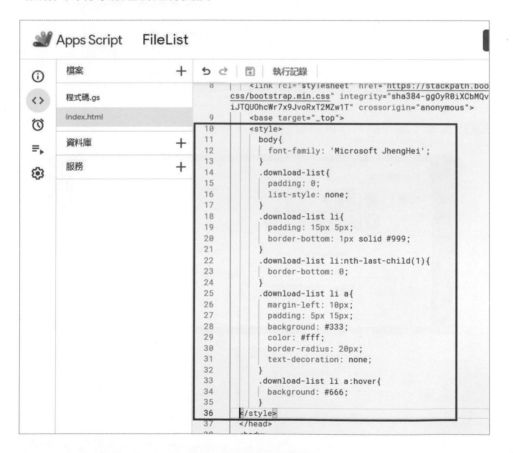

建置完樣式後，於 HTML 的第 43 行加入 `download-list` 類別，加入結果
如下：

```
(42) <h1 class="text-primary text-center mt-5 mb-3">檔案下載 </h1>
(43) <ul class="download-list">
(44)     <? var data = getData();  for (var i = 0; i < data.length; ++i) { ?>
```

6.4 部署為網路應用程式

STEP 1 在 IDE 編輯器，點擊「部署 > 新增部署作業」。

STEP 2 點擊「啟用部署作業類型 > 網頁應用程式」。

STEP 3 在設定面板中，將誰可以存取欄位，調整為「所有人」後點擊「部署」按鈕。

STEP 4 點擊「授予存取權」。

STEP 5 點擊您的帳戶。

STEP 6 點擊「進階」選項。

STEP 7 點擊「前往「FileList」」（不安全）」選項。

STEP 8 點擊「允許」按鈕。當中也會列出該專案透過 API 可操作的內容與權限。

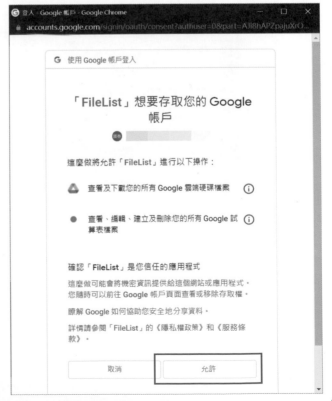

STEP 9 複製目前的網頁應用程式網址欄位中的網址。

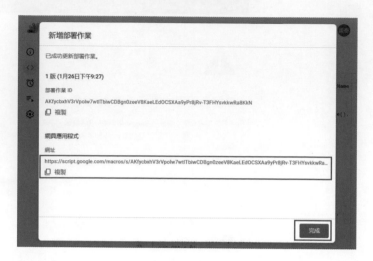

補充說明

若來不及複製網址或往後要再次取得該部署後網址時,可點擊「部署 > 管理部署作業」即可開啟面版來取得網址。

6.5 載入檔案清單

STEP 1 在檔案下載列表試算表中,點擊「雲端硬碟 > 載入清單」。

STEP 2 稍待片刻後,程式會自動抓取 file 資料夾中的所有檔案,並將其獲取的檔案資料建立於試算表中。

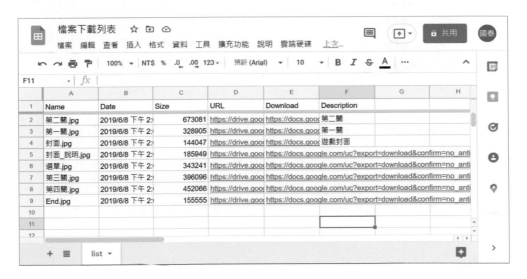

STEP 3 每次點擊「雲端硬碟 > 載入清單」時,均會先將工作表中的所有資料清除後再重新新增。

6.6 執行結果與設定資料夾共用

6.6.1 執行結果

STEP 1 在網頁中貼上部署為網路應用程式的網址,即可看到 file 資料夾中的檔案清單。

STEP 2 當隨機點擊其中一個檔案要進行下載時,會跳至 403 頁面(此畫面表示沒有權限)。

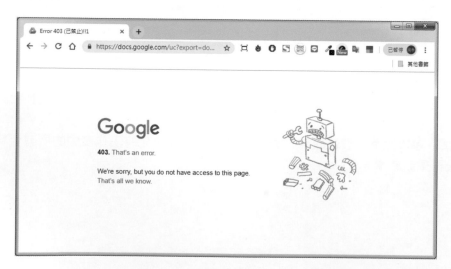

6.6.2 設定資料夾共用

STEP **1** 於「ch6-檔案下載列表」資料夾中,對「file」資料夾點擊「滑鼠右鍵 > 共用」。

STEP **2** 在與使用者和群組共用面板中,點擊「變更任何知道這個連結的使用者權限」。

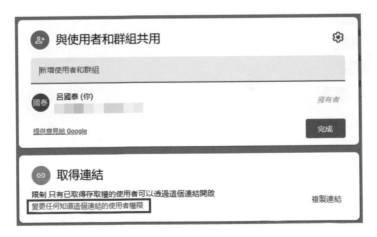

STEP 3 在取得連結面板中,改選擇「知道連結的使用者」選項,並點擊「完成」按鈕。

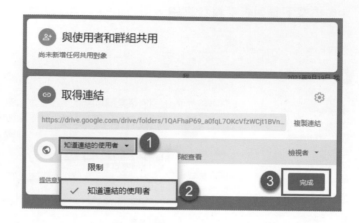

STEP 4 將網頁重新整理,再次隨機選擇任一檔案進行下載,此時已可順利下載該檔案。

7

檔案上傳：以研發部 - 內部檔案上傳系統為例

◈ 範例說明

在工作時，除了自身要注意檔案版本的控管外，還要特別注意呈交檔案給主管時的問題，常會因為檔案放錯資料夾、從檔名中不易識別是何人繳交或是什麼內容，以及當有跨部門合作而檔案過多所導致的錯亂，這些諸多的問題往往都是紛爭的開端。

因此，本範例藉由上傳系統來統一繳交的方式外，也將必備的資訊作為填寫的欄位，待上傳成功後會自動寄信給上傳者，以及上傳的結果與檔案連結會自動記錄在 Google 試算表中，藉此當檔名不易識別時，主管也可透過 Google 試算表中的上傳紀錄來對照該檔案是由何人所上傳。

◈ 範例延伸

➤ 自身檔案的上傳。

➤ 學生作業上傳。

➤ 公司內部或單位的檔案上傳。

◈ 範例檔案

➤ 指令碼：ch07-檔案下載列表 > 指令碼.docx

7.1　建立檔案

STEP 1　在雲端硬碟中，點擊「新增 > 資料夾」。

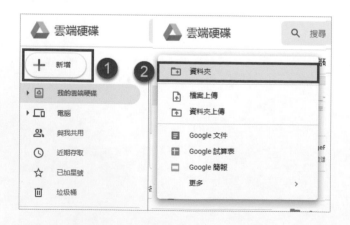

STEP 2 將資料夾命名為「ch7-檔案上傳」。

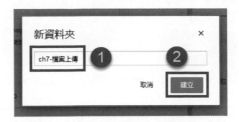

STEP 3 進入「ch7-檔案上傳」資料夾，在空白處點擊「滑鼠右鍵 > Google Apps Script」。

7.2 編寫指令碼

7.2.1 文件設定

STEP 1 在 IDE 編輯器中，將專案名稱修改為「FileUploadDrive」。

STEP 2 關閉 IDE 編輯器。

STEP 3 由於新增的 GAS 腳本會直接建立在雲端硬碟根目錄下，非在指定的資料夾中，最後結果雖可達成目的但檔案卻未在同一資料夾中，對於後續維護與管理易造成問題，故在雲端硬碟根目錄中，選擇 FileUploadDrive 後，點擊「滑鼠右鍵 > 移至」的方式將此檔案移至到本案例所建立之資料夾中。

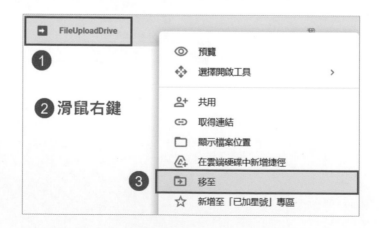

7.2.2 建立 doGet()

在一個專案中可能會建立多個 .html 網頁檔案，為了讓網頁在執行時可找到所謂的首頁（進入點）。同時，在專案中也會有多個 .gs 檔案及多個 function() 函式，利用 doGet 是第一個要被執行的 function 特性，從中指定網頁的首頁檔案名稱。

GAS 預設是無法直接顯示網頁檔案的，因此需要透過一個轉換的過程，使將頁面或 UI 轉換個一個真正的 HTML 檔案，這時必須使用 HtmlService 來達成目的，撰寫程式碼與解說如下：

```
(01) function doGet(e) {
(02)   return HtmlService.createTemplateFromFile('form').evaluate().
       setTitle('研發部 - 內部檔案上傳系統');
(03) }
```

◇ 解說

01：制定名為 doGet() 的函式，使開啟網址時會執行此函式內容。

02：回傳資料。說明如下：

(1) HtmlService.createTemplateFromFile('form')：建立 Template（模板），且首頁指定為 form 網頁檔案。

(2) evaluate()：將變數值輸出到前端頁面。

(3) setTitle()：設定網頁標題為研發部 - 內部檔案上傳系統。

7.2.3 允許載入檔案

在 GAS 中，預設是不允許載入專案中其他檔案的，但為了讓網頁在讀取與維護上較為直覺與便利，故 CSS 樣式表、JS 互動與 HTML 三者檔案均各自獨立建置。

為了解決在 HTML 中可載入 CSS 與 JS 檔案，必須透過
createHtmlOutputFromFile() 指令來滿足載入的需求，撰寫程式碼與解說如下：

```
(05) function include(filename) {
(06)   return HtmlService.createHtmlOutputFromFile(filename).getContent();
(07) }
```

◇ 解說

05：制定名為 include(filename) 的函式，使在 HTML 中能載入指定名稱的檔案。

06：回傳資料。說明如下：

(1) HtmlService.createHtmlOutputFromFile(filename)：將指定檔案轉換成 HTML 檔案。

(2) getContent：以字串型態來取得檔案當中所有內容。

▌7.2.4　上傳檔案

當 form 表單送出後，其表單中的資訊會回傳到 GAS 中所自定義的 uploadFiles()
函式，藉由當中的指令碼來自動判斷雲端硬碟中是否有指定的檔案與資料夾存
在，若符合時則建立該檔案，撰寫程式碼與解說如下：

```
(09) function uploadFiles(form) {
(10)   try {
(11)     var sheetName = '檔案上傳列表';
(12)     var foldername = 'ch7- 檔案上傳';
(13)     var folder, folders;
(14)     folders = DriveApp.getFoldersByName(foldername);
(15)     if (folders.hasNext()) {
(16)       folder = folders.next();
(17)     } else {
```

```
(18)        folder = DriveApp.createFolder(foldername);
(19)      }
(20)      var blob = form.uploadFile;
(21)      var fileName = form.id +'_'+ Utilities.formatDate(new Date(),
          'GMT+8', 'yyyyMMdd\'TT\'HHmmss\'Z\'');
(22)      var file = folder.createFolder(fileName).createFile(blob);
(23)      file.setDescription('上傳者：' + form.id + ' - ' + form.phone + '
          - ' + form.email + ' - ' + form.dept);
(24)      var fileUrl = file.getUrl();
(25)      var fileName = file.getName();
(26)      var DownloadUrl = 'https://docs.google.com/uc?export=
          download&confirm=no_antivirus&id=' + file.getId();
(27)      var FileIterator = DriveApp.getFilesByName(sheetName);
(28)      var sheetApp = '';
(29)      while (FileIterator.hasNext())
(30)      {
(31)        var sheetFile = FileIterator.next();
(32)        if (sheetFile.getName() == sheetName)
(33)        {
(34)          sheetApp = SpreadsheetApp.open(sheetFile);
(35)        }
(36)      }
(37)      if(sheetApp == '')
(38)      {
(39)        sheetApp = SpreadsheetApp.create(sheetName);
(40)        sheetApp.getSheets()[0].getRange(1, 1, 1, 8)
(41)          .setValues([['上傳時間','姓名','分機','電子信箱','部門','檔案
             名稱','檔案網址','下載網址']]);
(42)        var FolderId = 'ch7-檔案上傳資料夾的 ID';
(43)        var driveFile = DriveApp.getFileById(sheetApp.getId());
(44)        DriveApp.getFolderById(FolderId).addFile(driveFile);
(45)        DriveApp.getRootFolder().removeFile(driveFile);
(46)      }
(47)      var sheet = sheetApp.getSheets()[0];
(48)      var lastRow = sheet.getLastRow();
(49)      var targetRange = sheet.getRange(lastRow+1, 1, 1, 8).setValues
          ([[new Date().toLocaleString(),form.id,form.phone,form.email,
          form.dept,fileName,fileUrl,DownloadUrl]]);
(50)      return '檔案上傳成功！';
(51)    } catch (error) {
(52)      return '檔案上傳失敗！ 原因：'+error.toString();
(53)    }
(54) }
```

◇ 解說

09：制定名為 uploadFiles(form) 的函式，並將 form.html 中的 form 表單結果帶入此函式。

10 ～ 53：建立 try...catch 例外處理陳述式。陳述式標記了一組要嘗試的陳述式，並在拋出例外時指定一個或多個響應。簡易來說，您希望 try 區域成功，如果它不成功，您希望控制權傳遞給 catch 區域。

11：宣告名為 sheetName 的變數，其值為「檔案上傳列表」。

12：宣告名為 foldername 的變數，其值為「ch7- 檔案上傳」。

13：宣告名為 folder 與 folders 兩個變數，其值為空內容。

14：folders 變數結果為在雲端硬碟中取得與 foldername 變數結果（ch7-檔案上傳）相同的資料夾名稱。

15 ～ 19：建立 if...else 條件判斷式。判斷 if() 中的 folders.hasNext() 條件是否滿足，若條件滿足時則執行第 16 行指令，若條件不滿足時則執行第 18 行指令。

16：folder 變數其值為利用 next() 函式來獲取「ch7-檔案上傳」資料夾。

18：當「ch7-檔案上傳」資料夾不存在時，則建立名為「ch7-檔案上傳」的資料夾。

20：宣告名為 blob 的變數，其值為取得 form 表單中的上傳檔案。

21：宣告名為 filename 的變數，其值為取得 form 表單中的 id 屬性值（姓名）並加上當時的日期與時間。

22：宣告名為 file 的變數，其值為在「ch7-檔案上傳」資料夾中建立一個資料夾，而資料夾名稱為 filename 變數結果，並在資料夾內建立一個檔案，檔案為 blob 變數結果。

23：在雲端硬碟中建立上傳的檔案，同時新增該檔案的說明，說明內容為上傳者：form 表單中的姓名 - form 表單中的分機 - form 表單中的電子郵件 - form 表單中的部門等四個資訊。

24：宣告名為 fileUrl 的變數，其值為取得已在雲端硬碟中建立檔案的連結網址。

25：宣告名為 filename 的變數，其值為取得已在雲端硬碟中建立檔案的檔案名稱。

26：宣告名為 DownloadUrl 的變數，其值為取得已在雲端硬碟中建立檔案的下載網址。

27：宣告名為 FileIterator 的變數，其值為取得名為「檔案上傳列表」的檔案。

28：宣告名為 sheetApp 的變數，其值為空字串。

29：判斷 while() 函式中的 FileIterator.hasNext() 條件是否為真，若條件成立時則執行 while() 函式的內容，直到條件不符合為止。

31：宣告名為 sheetFile 的變數，其值為利用 next() 函式來獲取「檔案上傳列表」檔案。

32 ～ 35：建立 if() 條件判斷式。判斷 if() 中的 sheetFile.getName() == sheetName 條件是否為真，若條件成立時則執行第 34 行指令。

34：sheetApp 變數結果為開啟「檔案上傳列表」檔案。

37 ～ 46：建立 if() 條件判斷式。判斷 if() 中的 sheetApp == '' 條件是否為真，若條件成立時則執行第 39 行～第 45 行的指令，也就是說若找不到「檔案上傳列表」檔案時就利用此段程式來建立試算表檔案。

39：sheetApp 變數結果為，產生名為「檔案上傳列表」的試算表檔案（此時並非真正建立檔案到雲端硬碟中）。

40 ～ 41：在「檔案上傳列表」試算表中建立第一行資訊，依序寫入標題文字至儲存格中。

42：宣告名為 FolderId 的變數，其值為「ch7-檔案上傳」資料夾的 ID。

- 取得 ID 說明：https://drive.google.com/drive/folders/{ID}

43：宣告名為 driveFile 的變數，其值為取得所建立「檔案上傳列表」檔案的 ID，且建立於雲端硬碟的第一層目錄中。

44：在雲端硬碟中的「ch7-檔案上傳」資料夾中建立「檔案上傳列表」檔案。此動作等同於將第一層目錄中的「檔案上傳列表」檔案改到「ch7-檔案上傳」資料夾中建立。

45：在雲端硬碟中取得第一層目錄的位置，並刪除原先所建立之「檔案上傳列表」檔案。

47：宣告名為 sheet 的變數，其值為取得「檔案上傳列表」試算表中第一個工作表。

48：宣告名為 lastRow 的變數，其值為取得工作表中的最後一行。

49：宣告名為 targetRange 的變數，其值為在指定儲存格範圍中依序寫入上傳檔案的資料。

50：回傳成功訊息於網頁中。

51～53：當 try...catch 陳述式為不成功時，則回傳上傳失敗的訊息於網頁中。

7.3 建立網頁

7.3.1 建立 HTML 檔案

STEP 1 在 IDE 編輯器中，點擊「檔案 > 新增 > HTML」。

STEP 2 將 HTML 檔案命名為「form」。

STEP 3 預設的 HTML 檔案已具備 HTML 相關標籤。

STEP 4 撰寫程式碼與解說如下：

```
(01) <!DOCTYPE html>
(02) <html>
(03)   <head>
(04)     <meta charset="UTF-8">
(05)     <meta name="viewport" content="width=device-width, initial-
             scale=1.0">
(06)     <meta http-equiv="X-UA-Compatible" content="ie=edge">
(07)     <title>檔案上傳系統</title>
(08)     <link rel="stylesheet" href="https://stackpath.bootstrapcdn.
             com/bootstrap/4.3.1/css/bootstrap.min.css" integrity="sha384-
             ggOyR0iXCbMQv3Xipma34MD+dH/1fQ784/j6cY/
             iJTQUOhcWr7x9JvoRxT2MZw1T" crossorigin="anonymous">
(09)     <base target="_top">
(10)
(11)   </head>
(12)   <body>
(13)     <div class="container">
(14)       <div class="row">
(15)         <div class="col-8 mx-auto">
(16)           <h1 class="mb-5 text-center"><strong>研發部 - 內部檔案
                 上傳系統</strong></h1>
(17)           <form id="upload">
(18)             <div class="form-group">
(19)               <label for="id">姓名</label>
(20)               <input type="text" class="form-control"
                     name="id" placeholder="請輸入您的姓名"
                     tabindex="1" required>
(21)             </div>
(22)             <div class="form-group">
(23)               <label for="phone">分機</label>
(24)               <input type="text" class="form-control"
                     name="phone" placeholder="請輸入您的分機"
                     tabindex="2" required>
(25)             </div>
(26)             <div class="form-group">
(27)               <label for="email">電子郵件</label>
(28)               <input type="email" class="form-control"
                     name="email" placeholder="請輸入您的電子郵件"
                     tabindex="3" required>
(29)             </div>
(30)             <div class="form-group">
(31)               <label for="dept">部門</label>
(32)               <select class="form-control" name="dept"
                     required>
```

```
(33)                              <option value=" 企劃部 "> 企劃部 </option>
(34)                              <option value=" 美術部 "> 美術部 </option>
(35)                              <option value=" 程式部 "> 程式部 </option>
(36)                              <option value=" 測試部 "> 測試部 </option>
(37)                          </select>
(38)                      </div>
(39)                      <div class="form-group pt-3 pb-3">
(40)                          <input type="file" class="form-control-file"
                                name="uploadFile" accept=".jpg,.jpeg,.png">
(41)                      </div>
(42)                      <input type="submit" class="btn btn-primary btn-
                            lg btn-block pt-2 pb-2" value=" 上傳檔案 "
                            onclick="this.value=' 檔案上傳中 ';
(43)                      google.script.run.withSuccessHandler
                            (fileUploaded).uploadFiles(this.parentNode);
(44)                      return false;">
(45)                  </form>
(46)                  <div id="output"></div>
(47)              </div>
(48)          </div>
(49)      </div>
(50)  </body>
(51)
(52) </html>
```

◇ 解說

01：文件類型。其作用為用來說明，目前網頁所編寫 HTML 的標籤是採用什麼樣的版本。

02 ～ 52：<html> ～ </html> 標籤，定義網頁的起始點與結束點。

03 ～ 11：<head> ～ </head> 標籤，定義網頁開頭的起始點與結束點。

04：網頁編碼為中文。

05：設定網頁在載具上的縮放基準。

06：設置網頁的兼容性。

07：網頁標題為「檔案上傳系統」。

08：載入 Bootstrap 的 CDN CSS 樣式文件。

09：此網頁會以 iframe 的方式載入。

12 ～ 50：<body> ～ </body> 標籤，定義網頁內容的起始點與結束點。

13：建立 <div> 標籤並加入 `container` 類別以建立固定寬度的佈局。

14：建立 <div> 標籤並加入 `row` 類別以建立水平群組列。

15：建立 <div> 標籤並加入 `col-8` 與 `max-auto` 類別進行網格佈局，使當中內容在任何的載具中均以 8 格欄寬呈現，且網格呈現在網頁水平置中的位置。

16：建立 <h1> 標籤作為內容的標題，以及在 <h1> 標籤中所要加入的類別如下：

> (1) `mb-5`：調整下方外距的距離。

> (2) `text-center`：文字改為置中對齊。

17 ～ 43：建立 <form> 標籤，且 id 屬性為「upload」。

18 ～ 21：建立 <div> 標籤並加入 `form-group` 類別以套用群組的樣式。

19：建立 <label> 標籤，其設定內容如下：

> (1) for 屬性：id。

> (2) 顯示文字：姓名。

20：建立 <input> 標籤，其設定內容如下：

> (1) type 屬性：text（文字）。

> (2) 樣式類別：`form-control`。

> (3) name：id。

> (4) placeholder（輸入框中顯示文字）：請輸入您的姓名。

> (5) required：欄位為必填狀態。

22 ～ 25：建立 <div> 標籤並加入 `form-group` 類別以套用群組的樣式。

23：建立 <label> 標籤，其設定內容如下：

> (1) for 屬性：phone。

> (2) 顯示文字：分機。

24：建立 <input> 標籤，其設定內容如下：

> (1) type 屬性：text（文字）。

> (2) 樣式類別：`form-control`。

(3) name：phone。

(4) placeholder（輸入框中顯示文字）：請輸入您的分機。

(5) required：欄位為必填狀態。

26 ～ 29：建立 <div> 標籤並加入 form-group 類別以套用群組的樣式。

27：建立 <label> 標籤，其設定內容如下：

(1) for 屬性：email。

(2) 顯示文字：電子郵件。

28：建立 <input> 標籤，其設定內容如下：

(1) type 屬性：email（電子信箱）。

(2) 樣式類別：form-control。

(3) name：email。

(4) placeholder（輸入框中顯示文字）：請輸入您的電子郵件。

(5) required：欄位為必填狀態。

30 ～ 38：建立 <div> 標籤並加入 form-group 類別以套用群組的樣式。

31：建立 <label> 標籤，其設定內容如下：

(1) for 屬性：dept。

(2) 顯示文字：部門。

28：建立 <select> 標籤，其設定內容如下：

(1) 樣式類別：form-control。

(2) name：dept。

(3) required：欄位為必填狀態。

33 ～ 36：建立數個 <option> 標籤，作為下拉式選單之內容，且 value 屬性值需與顯示文字相同（寫入試算表中的部門內容為所選取的 value 屬性值）。

39 ～ 41：建立 <div> 標籤並加入 form-group、pt-3 與 pb-3 三個類別以調整此標籤樣式與內距。

40：建立 <input> 標籤，其設定內容如下：

(1) type 屬性：file（檔案）。

(2) 樣式類別：`form-control-file`。

(3) name：uploadFile。

(4) 接受的檔案格式：.jpg, .jpeg, .png。

42 ～ 44：建立 <input> 標籤，當點擊「上傳檔案」按鈕後會接收被調用 GAS 函式的返回值，其設定內容如下：

(1) type 屬性：submit（送出）。

(2) 樣式類別：`btn`、`btn-primary`、`btn-lg`、`btn-block`、`pt-2`、`pb-2`。

(3) value：上傳檔案。

(4) 觸發 onclick 事件時所執行的動作如下：

    A. 將按鈕文字改為「檔案上傳中」。

    B. 執行 gs 指令，並將其回傳結果傳至自定義的「fileUploaded」函式，此函式內容寫於 main.js 文件中。

    C. 透過 parentNode 屬性取得表單中 name 屬性結果並傳給 gs 中的 uploadFiles() 函式。

    D. 回傳訊息為 false。

46：建立 <div> 標籤，其 id 屬性值為「output」，作為上傳後回傳訊息的顯示區域。

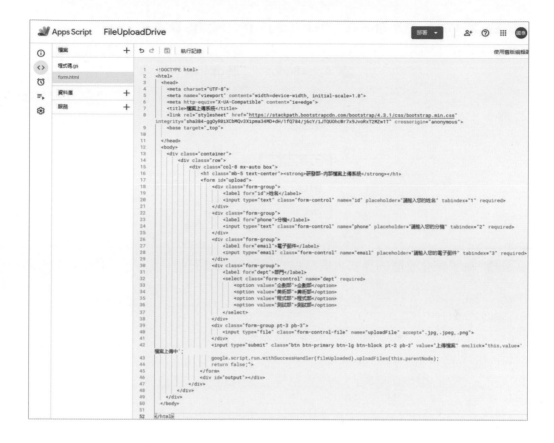

7.3.2 建立 CSS 檔案

STEP 1 在 IDE 編輯器中，點擊「檔案 > 新增 > HTML」。

STEP 2 將 HTML 檔案命名為「style.css」，作為網頁的樣式表。

STEP 3 為了美化整體的樣式，撰寫程式碼與解說如下：

```
(01) <style>
(02)   body{
(03)       font-family: 'Microsoft JhengHei';
(04)   }
(05)   .box{
(06)       padding: 50px;
(07)       margin-top: 50px;
(08)       border: 1px solid #fff;
(09)       border-radius: 30px;
(10)       box-shadow: 0px 20px 50px 0px rgba(0,0,0,0.2);
(11)   }
(12) </style>
```

◇ 解說

01 ～ 12：建立 <style> ～ </style> 標籤，定義 CSS 樣式訊息。

02 ～ 04：建立 body 樣式名稱，其樣式為將網頁中的預設字型改為微軟正黑體。

05 ～ 11：建立 box 樣式名稱，樣式結果依序如下：

(1) 四個方向的內距。

(2) 上方外距的距離。

(3) 邊框。

(4) 圓角。

(5) 陰影。

建置完樣式後，於 form.html 的第 15 行加入 box 類別，加入結果如下：

```
(15) <div class="col-8 mx-auto box">
(16)     <h1 class="mb-5 text-center"><strong> 研發部 - 內部檔案上傳系統 </
     strong></h1>
(17)     <form id="upload">
```

7.3.3 建立 JS 檔案

STEP 1 在 IDE 編輯器中，點擊「檔案 > 新增 > HTML」。

STEP 2 將 HTML 檔案命名為「main.js」，作為網頁的互動效果檔案。

STEP 3 為了控制 form.html 中執行上傳後之結果，撰寫程式碼與解說如下：

```
(01) <script>
(02)     function fileUploaded(status) {
(03)         document.getElementById('upload').style.display = 'none';
(04)         document.getElementById('output').innerHTML = status;
(05)     }
(06) </script>
```

◇ 解說

01 ～ 06：建立 <script> ～ </script> 標籤，定義 javascript 互動訊息。

02 ～ 05：制定名為 fileUploaded(status) 的函式，status 值為執行 uploadFiles 函式後所回傳的訊息。

03：將 form.html 中 id 值等於「upload」的內容進行隱藏。

04：將 form.html 中 id 值等於「output」的內容中寫入所回傳成功或失敗的訊息。

7.3.4 載入 CSS 與 JS 檔案

STEP 1 使用 include() 方法將外部文件的內容載入到 form.html 檔案中，故在 form.html 檔案中第 10 行加入下列語法：

```
(10) <?!= include('style.css'); ?>
```

STEP 2 使用 include() 方法將外部文件的內容載入到 form.html 檔案中，故在 form.html 檔案中第 51 行加入下列語法：

```
(51) <?!= include('main.js'); ?>
```

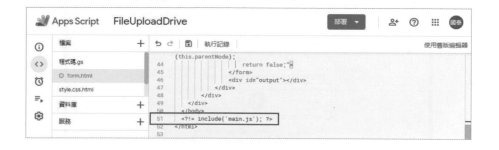

7.4 部署為網路應用程式

STEP 1 在 IDE 編輯器，點擊「部署 > 新增部署作業」。

STEP 2 點擊「啟用部署作業類型 > 網頁應用程式」。

STEP 3 在設定面板中，將誰可以存取欄位，調整為「所有人」後點擊「部署」按鈕。

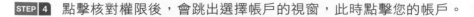

STEP 4 點擊核對權限後，會跳出選擇帳戶的視窗，此時點擊您的帳戶。

STEP 5 點擊「進階」選項。

STEP 6 點擊「前往「FileUploadDrive」（不安全）」選項。

STEP 7 點擊「允許」按鈕。當中也會列出該專案透過 API 可操作的內容與權限。

7.5　執行結果

STEP 1　複製目前的網路
應用程式網址欄位中的
網址。

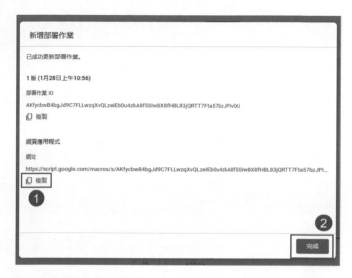

STEP 2　在網頁中貼上部署為網路應用程式的網址，即可看到上傳系統的表單。

STEP 3 依照表單欄位來填寫相關資料，並選擇一個要上傳的檔案，最後點擊「上傳檔案」按鈕。

STEP 4 成功上傳後，頁面會自動跳轉，並告知「檔案上傳成功」。

STEP 5 依據程式判斷規則，在上傳時若找不到名稱為「檔案上傳列表」試算表時，則會自動建立該試算表。當上傳後，於「ch7-檔案上傳」資料夾中也會出現依所制定的命名規則之資料夾（姓名＿上傳的完整日期與時間）。

STEP 6 進入上傳檔案的資料後，可查看到所上傳的檔案。

STEP 7 開啟「檔案上傳列表」試算表檔案，可看見剛所上傳的資料，並可直接點擊檔案網址的連結來開啟檔案，或點擊下載網址中的網址直接下載檔案。

Note

8
CHAPTER

出缺席查詢：
以演講活動為例

◇ 範例說明

一般學校會有出缺席系統供學生查詢每週出席記錄，但對於社團出席或活動出席記錄等，不見得會有系統可供記錄與查詢。

因此，本範例以 Google 試算表作為演講活動之出席狀況以及學生帳號與密碼的資料庫，當學生登入帳號與密碼後，程式會去比對帳密工作表中的內容，符合後則會去抓取該學生的出席紀錄並顯示於網頁。

◇ 範例延伸

➤ 成績查詢。

➤ 出缺勤查詢。

➤ 薪水查詢。

◇ 範例檔案

➤ 指令碼：ch08-出缺席查詢 > 指令碼.docx

8.1 建立檔案

8.1.1 建立檔案

STEP 1 在雲端硬碟中，點擊「新增 > 資料夾」。

STEP 2 將資料夾命名為「ch8-出缺席」。

STEP 3 進入「ch8-出缺席」資料夾，在空白處點擊「滑鼠右鍵 > Google 試算表」。

STEP 4 於試算表中修改事項如下：

(1) 試算表名稱：出缺席表。

(2) 工作表名稱：week。

(3) 新增一個工作表並重新命名為：account&password。

8.1.2 建立出席紀錄

STEP 1 將「出席紀錄 .xlsx」檔案中的 week 工作表資料，利用複製與貼上兩指令，貼到剛所建立的出缺席表試算表的 week 工作表中。

➤ 檔案來源：ch08-出缺席 > 出席紀錄.xlsx

STEP 2 於 B3 儲存格中，利用「COUNTIF」函式來統計第三列中從 D3 儲存之後的所有「X」符號之總數量。

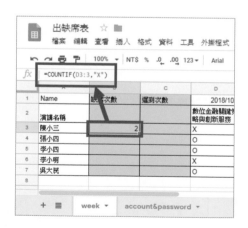

STEP 3 於 C3 儲存格中，利用「COUNTIF」函式來統計第三列中從 D3 儲存之後的所有「-」符號之總數量。

STEP 4 選取 B3 儲存格後，將格式套用至 B7 儲存格。

STEP 5 同樣，選取 C3 儲存格後，將格式套用至 C7 儲存格。

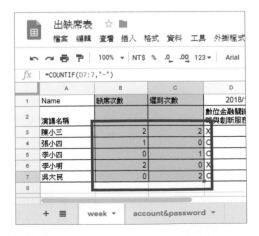

8.1.3 建立帳號密碼

STEP 1 將「出席紀錄 .xlsx」檔案中的 account&password 工作表資料，利用複製與貼上兩指令，貼到剛所建立的出缺席表試算表的 account&password 工作表中。

➤ 檔案來源：ch08-出缺席 > 出席紀錄.xlsx

8.2 編寫指令碼

8.2.1 文件設定

STEP 1 點擊「檔案 > 設定」。

STEP 2 在設定視窗中，將時區修改為「GMT +08:00 Taipei」，並儲存設定。

STEP 3 切換至 week 工作表後，點擊「擴充功能 > Apps Script」，以開啟 IDE 編輯器。

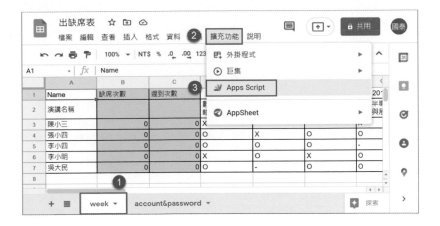

STEP 4 在 IDE 編輯器中，將專案名稱修改為「attend」。

8.2.2 允許載入檔案

在 GAS 中，預設是不允許載入專案中其他檔案入的，但為了讓網頁在讀取與維護上較為直覺與便利，故 CSS 樣式表、JS 互動與 HTML 三者檔案均各自獨立建置。

為了解決在 HTML 中可載入 CSS 與 JS 檔案，必須透過 createHtmlOutputFromFile() 指令來滿足載入的需求，撰寫程式碼與解說如下：

```
(01) function include(filename) {
(02)    return HtmlService.createHtmlOutputFromFile(filename).getContent();
(03) }
```

◇ 解說

01：制定名為 include(filename) 的函式，使在 HTML 中能載入指定名稱的檔案。

02：回傳資料。說明如下：

(1) HtmlService.createHtmlOutputFromFile(filename)：將指定檔案轉換成 HTML 檔案。

(2) getContent：以字串型態來取得檔案當中所有內容。

8.2.3 建立 doGet()

在一個專案中可能會建立多個 .html 網頁檔案,為了讓網頁在執行時可找到所謂的首頁(進入點)。同時,在專案中也會有多個 .gs 檔案以及多個 function() 函式,利用 doGet 是第一個要被執行的 function 特性,從中指定網頁的首頁檔案名稱。

GAS 預設是無法直接顯示網頁檔案的,因此需要透過一個轉換的過程,使將頁面或 UI 轉換個一個真正的 HTML 檔案,這時必須使用 HtmlService 來達成目的,撰寫程式碼與解說如下:

```
(05) function doGet() {
(06)    var tmpl = HtmlService.createTemplateFromFile('index');
(07)    tmpl.serviceUrl = ScriptApp.getService().getUrl();
(08)    return tmpl.evaluate().setTitle(' 演講活動 - 出席紀錄 ');
(09) }
```

◇ 解說

05:制定名為 doGet() 的函式,使開啟網址時會執行此函式內容。

06:宣告名為 tmpl 的變數,其值為建立 Template(模板),且首頁指定為 index 網頁檔案。

07:宣告 index 網頁中名為 serviceUrl 的變數,其值為取得此程式碼的 URL 網址。

08:回傳資料。說明如下:

(1) evaluate():將變數值輸出到前端頁面。

(2) setTitle():設定網頁標題為演講活動 - 出席紀錄。

8.2.4 取得所輸入的帳號與密碼

在 Index.html 網頁中，會採用 submit 的方式將資料回傳至 GAS，因此 GAS 中必須要有 doPost 來承接前端以 POST 方式送出來的機制，撰寫程式碼與解說如下：

```
(11) function doPost(e){
(12)    var id = e.parameter.id;
(13)    var password = e.parameter.password;
(14)    return result(id,password);
(15) }
```

◇ 解說

11：制定名為 doPost(e) 的函式，前端所傳進來的 Form 資料透過 e.parameter.XX 的方式來擷取，如此就可得到前端的輸入值。

12：宣告名為 id 的變數，其值為接收前端所輸入的「id」（姓名）結果。

13：宣告名為 password 的變數，其值為接收前端所輸入的「password」（密碼）結果。

14：回傳資料，將其取得「id」與「password」兩結果帶入 result() 函式中，以驗證結果。

8.2.5 驗證與結果輸出

當收到帳號與密碼資料後，除了前往指定工作表中進行登入驗證外，還會根據驗證結果而回傳相對應內容至前端網頁（result.html）中，撰寫程式碼與解說如下：

```
(17) function result(id,password) {
(18)    var iRow = 1;
(19)    var isAuthenticated = false;
```

```
(20)    var sheet = SpreadsheetApp.getActive();
(21)    var S_week - sheet.getSheetByName('week');
(22)    var S_account = sheet.getSheetByName('account&password');
(23)    while (S_account.getRange(iRow, 1).getValue() != ''){
(24)      if (S_account.getRange(iRow, 1).getValue() == id && S_account.
         getRange(iRow, 2).getValue() == password){
(25)        isAuthenticated = true;
(26)        break;
(27)      }
(28)      iRow++;
(29)    }
(30)    if (!isAuthenticated){
(31)      return HtmlService.createHtmlOutput('<h1 style="text-align:
         center">認證錯誤 !</h1>');
(32)    }else{
(33)      var tmpl = HtmlService.createTemplateFromFile('result');
(34)      //  演講日期
(35)      tmpl.Date_1st = Utilities.formatDate(S_week.getRange(1, 4).
         getValue(), 'GMT+8', 'yyyy-MM-dd');
(36)      tmpl.Date_2nd = Utilities.formatDate(S_week.getRange(1, 5).
         getValue(), 'GMT+8', 'yyyy-MM-dd');
(37)      tmpl.Date_3rd = Utilities.formatDate(S_week.getRange(1, 6).
         getValue(), 'GMT+8', 'yyyy-MM-dd');
(38)      tmpl.Date_4th = Utilities.formatDate(S_week.getRange(1, 7).
         getValue(), 'GMT+8', 'yyyy-MM-dd');
(39)      tmpl.Date_5th = Utilities.formatDate(S_week.getRange(1, 8).
         getValue(), 'GMT+8', 'yyyy-MM-dd');
(40)      //  演講名稱
(41)      tmpl.Lecture_1st = S_week.getRange(2, 4).getValue();
(42)      tmpl.Lecture_2nd = S_week.getRange(2, 5).getValue();
(43)      tmpl.Lecture_3rd = S_week.getRange(2, 6).getValue();
(44)      tmpl.Lecture_4th = S_week.getRange(2, 7).getValue();
(45)      tmpl.Lecture_5th = S_week.getRange(2, 8).getValue();
(46)      //  出席狀況
(47)      tmpl.S_Name = S_week.getRange(iRow+1, 1).getValue();
(48)      tmpl.S_absence = S_week.getRange(iRow+1, 2).getValue();
(49)      tmpl.S_late = S_week.getRange(iRow+1, 3).getValue();
(50)      tmpl.S_1st = S_week.getRange(iRow+1, 4).getValue();
(51)      tmpl.S_2nd = S_week.getRange(iRow+1, 5).getValue();
(52)      tmpl.S_3rd = S_week.getRange(iRow+1, 6).getValue();
(53)      tmpl.S_4th = S_week.getRange(iRow+1, 7).getValue();
(54)      tmpl.S_5th = S_week.getRange(iRow+1, 8).getValue();
(55)      //  回傳資訊
(56)      return tmpl.evaluate();
(57)    }
(58) }
```

◇ 解說

17：制 定 名 為 result(id,password) 的 函 式，其 id 與 password 之 值 為 doPost() 函式中所回傳的結果。

18：宣告名為 iRow 的變數，其值為 1。

19：宣告名為 isAuthenticated 的變數，其值為 false。

20：宣告名為 sheet 的變數，其值為與試算表取得連接。

21：宣告名為 S_week 的變數，其值為與試算表中的「week」工作表取得連接。

22：宣告名為 S_account 的變數，其值為與試算表中的「account&password」工作表取得連接。

23 ～ 29：判斷 while() 函式中的 S_account.getRange(iRow, 1).getValue() != ''（account&passworde 工作表中 A1 儲存格的資訊不等於空資料）條件是否為真，若條件成立時則執行 while() 函式的內容。

24 ～ 27：建立 if() 條件判斷式。判斷 if() 中的兩個條件是否同時滿足，若條件滿足時則執行第 25 行指令且跳出判斷式，判斷條件說明如下：

(1) S_account.getRange(iRow, 1).getValue() == id：account&passworde 工作表中 A1 儲存格的資訊是否等於 id 之值。

(2) &&：表示為「and（和）」。

(3) S_account.getRange(iRow, 2).getValue() == password： account&passworde 工作表中 A2 儲存格的資訊是否等於 password 之值。

25：將 isAuthenticated 變數值改為 true。

26：當第 24 行條件滿足時則跳出判斷式，此時 iRow 變數之值為尋找到該帳號資料之行數。

28：將 iRow 變數值進行 +1 動作，以不斷尋找符合條件之結果。

30 ～ 57：建立 if...else 條件判斷式。判斷 if() 中的 !isAuthenticated（確定當前的請求是否已通過身份驗證）條件是否滿足，若條件滿足時則執行第 31 行指令，若條件不滿足時則執行第 33 行至第 56 行的指令。

31：表示為身份驗證未通過，同時回傳認證錯誤的文字訊息至前端網頁。

32：若驗證通過則執行第 33 行至第 56 行的指令，將其結果呈現到前端網頁。

33：宣告名為 tmpl 的變數，其值為建立 Template（模板），且首頁指定為 result 網頁檔案，進而執行網頁跳轉。

35：宣告 result 網頁中名為 Date_1st 的變數，其值為將「week」工作表中 D1 儲存格的日期進行格式化，以「年／月／天」格式呈現（第一場演講日期）。

36：宣告 result 網頁中名為 Date_2nd 的變數，其值為將「week」工作表中 E1 儲存格的日期進行格式化，以「年／月／天」格式呈現（第二場演講日期）。

37：宣告 result 網頁中名為 Date_3rd 的變數，其值為將「week」工作表中 F1 儲存格的日期進行格式化，以「年／月／天」格式呈現（第三場演講日期）。

38：宣告 result 網頁中名為 Date_4th 的變數，其值為將「week」工作表中 G1 儲存格的日期進行格式化，以「年／月／天」格式呈現（第四場演講日期）。

39：宣告 result 網頁中名為 Date_5th 的變數，其值為將「week」工作表中 H1 儲存格的日期進行格式化，以「年／月／天」格式呈現（第五場演講日期）。

41：宣告 result 網頁中名為 Lecture_1st 的變數，其值為取得「week」工作表中 D2 儲存格的資訊。

42：宣告 result 網頁中名為 Lecture_2nd 的變數，其值為取得「week」工作表中 E2 儲存格的資訊。

43：宣告 result 網頁中名為 Lecture_3rd 的變數，其值為取得「week」工作表中 F2 儲存格的資訊。

44：宣告 result 網頁中名為 Lecture_4th 的變數，其值為取得「week」工作表中 G2 儲存格的資訊。

45：宣告 result 網頁中名為 Lecture_5th 的變數，其值為取得「week」工作表中 H2 儲存格的資訊。

47：宣告 result 網頁中名為 S_Name 的變數，其值為取得「week」工作表中指定行數的第 1 欄儲存格之姓名資料。

補充說明

由於第 28 行的 iRow 變數值是以取得「account&password」工作表中的行數（從第 2 行開始），但「week」工作表中姓名的資訊是從第 3 行開始計算，因此必須將 iRow 變數值 +1，使「account&password」對照到「week」工作表中的結果才可相符。

48：宣告 result 網頁中名為 S_absence 的變數，其值為取得「week」工作表中指定行數的第 2 欄儲存格之缺席次數資料。

49：宣告 result 網頁中名為 S_late 的變數，其值為取得「week」工作表中指定行數的第 3 欄儲存格之遲到次數資料。

50：宣告 result 網頁中名為 S_1st 的變數，其值為取得「week」工作表中指定行數的第 4 欄儲存格之缺席狀況資料。

51：宣告 result 網頁中名為 S_2nd 的變數，其值為取得「week」工作表中指定行數的第 5 欄儲存格之缺席狀況資料。

52：宣告 result 網頁中名為 S_3rd 的變數，其值為取得「week」工作表中指定行數的第 6 欄儲存格之缺席狀況資料。

53：宣告 result 網頁中名為 S_4th 的變數，其值為取得「week」工作表中指定行數的第 7 欄儲存格之缺席狀況資料。

54：宣告 result 網頁中名為 S_5th 的變數，其值為取得「week」工作表中指定行數的第 8 欄儲存格之缺席狀況資料。

56：將變數值輸出到前端頁面。

8.3 撰寫 HTML

8.3.1 建立 index.html 檔案

建立 index.html 檔案同時也作為登入查詢的頁面。

STEP 1 在 IDE 編輯器中，點擊「檔案 > 新增 > HTML」。

STEP 2 將 HTML 檔案命名為「index」，作為帳號與密碼登入的頁面。

STEP 3 撰寫程式碼與解說如下：

```
(01)  <!DOCTYPE html>
(02)  <html>
(03)  <head>
(04)      <meta charset="utf-8" />
(05)      <meta http-equiv="X-UA-Compatible" content="IE=edge">
(06)      <title>演講活動 - 出席紀錄</title>
(07)      <meta name="viewport" content="width=device-width, initial-
          scale=1">
(08)      <link rel='stylesheet' href='https://cdnjs.cloudflare.com/ajax/
          libs/twitter-bootstrap/4.2.1/css/bootstrap.min.css' />
```

```
(09)        <base target="_top">
(10)
(11)  </head>
(12)  <body>
(13)      <div class="container mt-3">
(14)          <div class="row">
(15)              <div class="col-10 mx-auto">
(16)                  <h1 class="text-primary text-center">演講活動－出席紀錄
                      </h1>
(17)                  <h2 class="text-primary text-center">登入查詢</h2>
(18)                  <form action="<?= serviceUrl ?>" class="login-form
                      mt-2" method="post">
(19)                      <div class="form-group">
(10)                          <label for="id">姓名</label>
(21)                          <input type="text" class="form-username
                              form-control" placeholder="請輸入中文姓名"
                              name="id">
(22)                      </div>
(23)                      <div class="form-group">
(24)                          <label for="password">密碼</label>
(25)                          <input type="password" class="form-password
                              form-control" placeholder="請輸入密碼"
                              name="password">
(26)                          <small class="form-text text-muted">密碼為身份
                              證後四碼</small>
(27)                      </div>
(28)                      <button type="submit" class="btn btn-primary">
                          送出查詢</button>
(29)                  </form>
(30)              </div>
(31)          </div>
(32)      </div>
(33)  </body>
(34)  </html>
```

◈ 解說

01：文件類型。其作用為用來說明，目前網頁所編寫 HTML 的標籤是採用什麼樣的版本。

02 ～ 34：<html> ～ </html> 標籤，定義網頁的起始點與結束點。

03 ～ 11：<head> ～ </head> 標籤，定義網頁開頭的起始點與結束點。

04：網頁編碼為中文。

05：設置網頁的兼容性。

06：網頁標題為「演講活動 - 出席紀錄」。

07：設定網頁在載具上的縮放基準。

08：載入 Bootstrap 的 CDN CSS 樣式文件。

09：此網頁會以 iframe 的方式載入。

12 ～ 33：<body> ～ </body> 標籤，定義網頁內容的起始點與結束點。

13：建立 <div> 標籤，所要加入的類別如下：

　　(1) container 類別：建立固定寬度的佈局。

　　(2) mt-3：調整上方外距的距離。

14：建立 <div> 標籤並加入 row 類別以建立水平群組列。

15：建立 <div> 標籤並加入 col-10 與 max-auto 類別進行網格佈局，使當中內容在任何的載具中均以 10 格欄寬呈現，且網格呈現在網頁水平置中的位置。

16：建立 <h1> 標籤作為網頁的主標題，以及在 <h1> 標籤中所要加入的類別如下：

　　(1) text-primary：文字顏色改為藍色。

　　(2) text-center：文字改為置中對齊。

17：建立 <h2> 標籤作為內容的標題，以及在 <h2> 標籤中所要加入的類別如下：

　　(1) text-primary：文字顏色改為藍色。

　　(2) text-center：文字改為置中對齊。

18 ～ 29：建立 <form> 標籤，其設定內容如下：

　　(1) action：當送出表單時，向 GAS 腳本傳送表單數據。

　　(2) 樣式類別：login-form 與 mt-2。

　　(3) method：以 post 方式來將表單中的數據傳送給後端進行處理。

19：建立 <div> 標籤並加入 form-group 類別以套用群組的樣式。

20：建立 <label> 標籤，其設定內容如下：

    (1) for 屬性值：id。

    (2) 顯示文字：姓名。

21：建立 <input> 標籤，其設定內容如下：

    (1) type 屬性：text（文字）。

    (2) 樣式類別：form-username 與 form-control。

    (3) name：id。

    (4) placeholder（輸入框中顯示文字）：請輸入中文姓名。

23：建立 <div> 標籤並加入 form-group 類別以套用群組的樣式。

24：建立 <label> 標籤，其設定內容如下：

    (1) for 屬性值：password。

    (2) 顯示文字：密碼。

25：建立 <input> 標籤，其設定內容如下：

    (1) type 屬性：password（密碼）。

    (2) 樣式類別：form-password 與 form-control。

    (3) name：password。

    (4) placeholder（輸入框中顯示文字）：請輸入密碼。

26：建立 <small> 標籤，<small> 標籤的樣式可使文字縮小 80%，其他加入的類別如下：

    (1) form-text：調整向上外距的距離。

    (2) text-muted：文字顏色改為灰色。

28：建立 <input> 標籤，其 type 屬性為「submit」。當點擊「送出查詢」按鈕後，可依據第 18 行所設定的相關屬性將表單資料回傳至 GAS 腳本中。

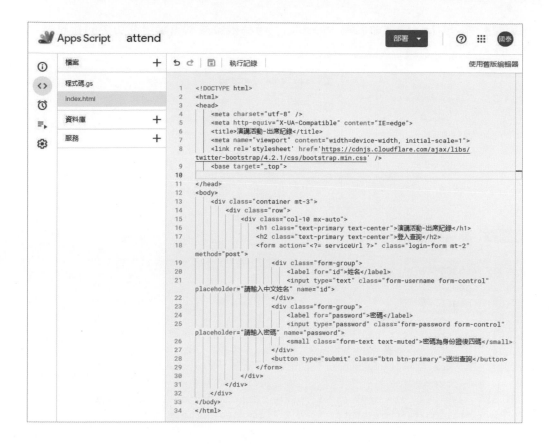

8.3.2 建立 result.html 檔案

建立 result.html 檔案同時也作為登入後資訊回傳的接收頁面。

STEP 1 在 IDE 編輯器中,點擊「檔案 > 新增 > HTML」。

STEP 2 將 HTML 檔案命名為「result」，作為帳號與密碼驗證成功後的資訊呈現頁面。

STEP 3 撰寫程式碼與解說如下：

```
(01) <!DOCTYPE html>
(02) <html>
(03) <head>
(04)     <meta charset="utf-8" />
(05)     <meta http-equiv="X-UA-Compatible" content="IE=edge">
(06)     <title> 演講活動 - 出席紀錄 </title>
(07)     <meta name="viewport" content="width=device-width, initial-
         scale=1">
(08)     <link rel='stylesheet' href='https://cdnjs.cloudflare.com/ajax/
         libs/twitter-bootstrap/4.2.1/css/bootstrap.min.css' />
(09)     <base target="_top">
(10)
(11) </head>
(12) <body>
(13)     <div class="container mt-3">
(14)         <div class="row">
(15)             <div class="col-10 mx-auto text-center">
(16)                 <h1 class="text-primary"> 演講活動 - 出席紀錄 </h1>
(17)                 <table class="table table-bordered table-striped
                     table-hover mt-3">
(18)                     <thead>
(19)                         <tr class="bg-primary text-white">
(20)                             <th scope="col"> 姓名 </th>
(21)                             <th scope="col" colspan="2">
                                 <?= S_Name ?></th>
(22)                         </tr>
(23)                         <tr class="bg-primary text-white">
(24)                             <th scope="col"> 缺席次數 </th>
(25)                             <th scope="col" colspan="2">
                                 <?= S_absence ?></th>
(26)                         </tr>
```

```
(27)                    <tr class="bg-primary text-white">
(28)                        <th scope="col"> 遲到次數 </th>
(29)                        <th scope="col" colspan="2">
                           <?= S_late ?></th>
(30)                    </tr>
(31)                </thead>
(32)                <tbody>
(33)                    <tr>
(34)                        <th scope="row"> 演講日期 </th>
(35)                        <th> 演講名稱 </th>
(36)                        <th> 出席狀況 </th>
(37)                    </tr>
(38)                    <tr>
(39)                        <th scope="row"><?= Date_1st ?></th>
(40)                        <td><?= Lecture_1st ?></td>
(41)                        <td><?= S_1st ?></td>
(42)                    </tr>
(43)                    <tr>
(44)                        <th scope="row"><?= Date_2nd ?></th>
(45)                        <td><?= Lecture_2nd ?></td>
(46)                        <td><?= S_2nd ?></td>
(47)                    </tr>
(48)                    <tr>
(49)                        <th scope="row"><?= Date_3rd ?></th>
(50)                        <td><?= Lecture_3rd ?></td>
(51)                        <td><?= S_3rd ?></td>
(52)                    </tr>
(53)                    <tr>
(54)                        <th scope="row"><?= Date_4th ?></th>
(55)                        <td><?= Lecture_4th ?></td>
(56)                        <td><?= S_4th ?></td>
(57)                    </tr>
(58)                    <tr>
(59)                        <th scope="row"><?= Date_5th ?></th>
(60)                        <td><?= Lecture_5th ?></td>
(61)                        <td><?= S_5th ?></td>
(62)                    </tr>
(63)                </tbody>
(64)                <tfoot>
(65)                    <tr>
(66)                        <td colspan="3" class="text-left">
(67)                            <p class="mb-0">O：表示出席 </p>
(68)                            <p class="mb-0">X：表示缺席 </p>
(69)                            <p class="mb-0">-：表示遲到 </p>
(70)                        </td>
(71)                    </tr>
```

```
(72)                         </tfoot>
(73)                       </table>
(74)                     </div>
(75)                 </div>
(76)             </div>
(77) </body>
(78) </html>
```

◇ 解說

01：文件類型。其作用為用來說明，目前網頁所編寫 HTML 的標籤是採用什麼樣的版本。

02 ~ 78：<html> ~ </html> 標籤，定義網頁的起始點與結束點。

03 ~ 11：<head> ~ </head> 標籤，定義網頁開頭的起始點與結束點。

04：網頁編碼為中文。

05：設置網頁的兼容性。

06：網頁標題為「演講活動 - 出席紀錄」。

07：設定網頁在載具上的縮放基準。

08：載入 Bootstrap 的 CDN CSS 樣式文件。

09：此網頁會以 iframe 的方式載入。

12 ~ 77：<body> ~ </body> 標籤，定義網頁內容的起始點與結束點。

13：建立 <div> 標籤，所要加入的類別如下：

   (1) container 類別：建立固定寬度的佈局。

   (2) mt-3：調整上方外距的距離。

14：建立 <div> 標籤並加入 row 類別以建立水平群組列。

15：建立 <div> 標籤，所要加入的美化類別如下：

   (1) col-10：在任何的載具中均以 10 格欄寬呈現。

   (2) max-auto：在網頁水平置中的位置。

   (3) text-center：文字水平置中。

16：建立 <h1> 標籤作為網頁的主標題，以及在 <h1> 標籤中加入 text-primary 類別使文字顏色改為藍色：

17：建立 <table> 標籤使登入後的內容以表格方式呈現，所要加入的類別如下：

    (1) table：套用 Bootstrap 的表格樣式。

    (2) table-bordered：表格邊框。

    (3) table-striped：逐行呈現灰白條紋效果。

    (4) table-hover：當滑鼠如入時表格背景會以灰底呈現。

    (5) mt-3：調整向上外距的距離。

18 ～ 31：建立 <thead> ～ </thead> 標籤作為表格的表頭。

19 ～ 22、23 ～ 26、27 ～ 30：建立 <tr> ～ </tr> 標籤，所要加入的類別如下：

    (1) bg-primary：背景顏色為藍色。

    (2) text-white：文字顏色為白色。

20：建立 <th> 標籤，其顯示內容為「姓名」。

21：建立 <th> 標籤，並增加 colspan="2" 屬性來合併兩個儲存格；其顯示內容為「S_Name」變數值。

24：建立 <th> 標籤，其顯示內容為「缺席次數」。

25：建立 <th> 標籤，並增加 colspan="2" 屬性來合併兩個儲存格；其顯示內容為「S_absence」變數值。

28：建立 <th> 標籤，其顯示內容為「遲到次數」。

29：建立 <th> 標籤，並增加 colspan="2" 屬性來合併兩個儲存格；其顯示內容為「S_late」變數值。

32 ～ 63：建立 <tbody > ～ </tbody > 標籤作為表格的主要內容。

34 ～、38、43 ～ 47、48 ～ 52、53 ～ 57、58 ～ 62：建立 <tr> ～ </tr> 標籤。

34：建立 <th> 標籤，其顯示內容為「演講日期」。

35：建立 <th> 標籤，其顯示內容為「演講名稱」。

36：建立 <th> 標籤，其顯示內容為「出席狀況」。

39：建立 <th> 標籤，其顯示內容為「Date_1st」（第一場演講日期）變數值。

40：建立 <td> 標籤，其顯示內容為「Lecture_1st」（第一場演講名稱）變數值。

41：建立 <td> 標籤，其顯示內容為「S_1st」（第一場演講的出席狀況）變數值。

44：建立 <th> 標籤，其顯示內容為「Date_2nd」（第二場演講日期）變數值。

45：建立 <td> 標籤，其顯示內容為「Lecture_2nd」（第二場演講名稱）變數值。

46：建立 <td> 標籤，其顯示內容為「S_2nd」（第二場演講的出席狀況）變數值。

49：建立 <th> 標籤，其顯示內容為「Date_3rd」（第三場演講日期）變數值。

50：建立 <td> 標籤，其顯示內容為「Lecture_3rd」（第三場演講名稱）變數值。

51：建立 <td> 標籤，其顯示內容為「S_3rd」（第三場演講的出席狀況）變數值。

54：建立 <th> 標籤，其顯示內容為「Date_4th」（第四場演講日期）變數值。

56：建立 <td> 標籤，其顯示內容為「Lecture_4th」（第四場演講名稱）變數值。

57：建立 <td> 標籤，其顯示內容為「S_4th」（第四場演講的出席狀況）變數值。

59：建立 <th> 標籤，其顯示內容為「Date_5th」（第五場演講日期）變數值。

60：建立 <td> 標籤，其顯示內容為「Lecture_5th」（第五場演講名稱）變數值。

61：建立 <td> 標籤，其顯示內容為「S_5th」（第五場演講的出席狀況）變數值。

64 ～ 72：建立 <tfoot> ～ </tfoot> 標籤作為表格的頁腳。

65 ～ 71：建立 <tr> ～ </tr> 標籤。

66 ～ 70：建立 <td> ～ </td> 標籤，並增加 colspan="3" 屬性來合併三個儲存格；同時加入 text-left 類別來將文字改為靠左對齊。

67：建立 <p> 標籤並加入 mb-0 類別使將 <p> 標籤預設的向下方外距距離歸零，其顯示內容為「O：表示出席」。

68：建立 <p> 標籤並加入 mb-0 類別使將 <p> 標籤預設的向下方外距距離歸零，其顯示內容為「X：表示缺席」。

69：建立 <p> 標籤並加入 mb-0 類別使將 <p> 標籤預設的向下方外距距離歸零，其顯示內容為「-：表示遲到」。

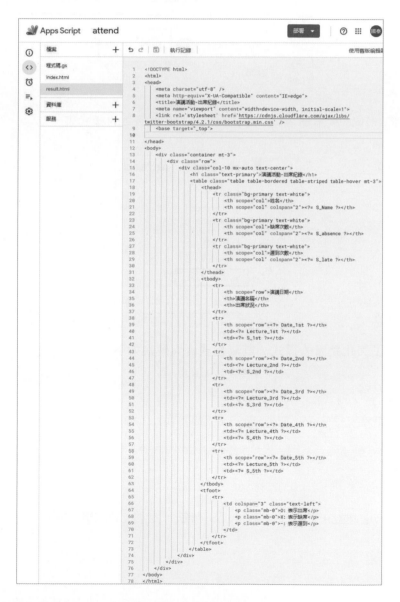

8.3.3 建立 CSS 檔案

STEP 1 在 IDE 編輯器中，點擊「檔案 > 新增 > HTML」。

STEP 2 將 HTML 檔案命名為「style.css」，作為網頁的樣式表。

STEP 3 為了美化整體的樣式，撰寫程式碼與解說如下：

```
(01) <style>
(02)   body {
(03)     font-family: "Microsoft JhengHei";
(04)   }
(05) </style>
```

◇ 解說

01 ～ 05：建立 <style> ～ </style> 標籤，定義 CSS 樣式訊息。

02 ～ 04：建立 body 樣式名稱，其樣式為將網頁中的字型改為微軟正黑體。

8.3.4 載入 CSS 檔案

STEP 1 使用 include() 方法將外部文件的內容載入到 index.html 與 result.html 檔案中。故在 index.html 與 result.html 檔案中第 10 行加入下列語法：

```
(10) <?!= include('style.css'); ?>
```

8.4 部署為網路應用程式

STEP 1 在 IDE 編輯器，點擊「部署 > 新增部署作業」。

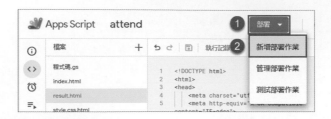

STEP 2 點擊「啟用部署作業類型 > 網頁應用程式」。

STEP 3 在設定面板中，將誰可以存取欄位，調整為「所有人」後點擊「部署」按鈕。

STEP 4 點擊「授予存取權」。

STEP 5 點擊您的帳戶。

STEP 6 點擊「進階」選項。

STEP 7 點擊「前往「attend」（不安全）」選項。

STEP 8 點擊「允許」按鈕。當中也會列出該專案透過 API 可操作的內容與權限。

8.5　執行結果

STEP 1 複製目前的網路應用程式網址欄位中的網址。

STEP 2 在網頁中貼上部署為網路應用程式的網址，即可看到登入查詢的頁面。

STEP 3 從所建立的其中一組帳號與密碼來進行登入。

這個應用程式是由其他使用者建立，而非 Google。

服務條款

演講活動-出席紀錄
登入查詢

姓名

> 請輸入中文姓名

密碼

> 請輸入密碼

密碼為身份證後四碼

送出查詢

STEP 4 登入後即可看到該學員的出缺席紀錄。

這個應用程式是由其他使用者建立，而非 Google。

服務條款

演講活動-出席紀錄

姓名	陳小三	
缺席次數	2	
遲到次數	2	
演講日期	演講名稱	出席狀況
2018-10-01	數位金融關鍵策略與創新服務	X
2018-10-08	Beyond Fintech 開創金融新價值	-
2018-10-15	財金人應具備之器識	-
2018-10-22	我國半導體業之現況與展望	X
2018-10-29	AI與智慧金融論壇	O

O：表示出席
X：表示缺席
-：表示遲到

9

CHAPTER

單據控管系統：
以製作保固書為例

◈ 範例說明

以購買 3C 商品為例，製造商為了讓消費者買的有保障，商品都會提供一定期限的保固，且常會以保固卡或保固書的形式放入商品盒中一起販售，當然也有商品是需要透過前往官網註冊商品資料來取得保固。不論是何種方式，對製造商而言保固書的產生與保固編號等資訊的控管都險得格外重要。

因此，本範例以製作商品保固書為例，操作重點有兩點，一、在 Google 試算表中建置保固書所需要的資料，利於往後每項商品的控管與分析；二、在 Google 試算表中選取要產生保固書的該筆資料後，藉由轉換按鈕的操作而自動將該筆資料傳遞給保固書範本，並自動產生保固書文件檔案，或者產生 PDF 檔並將自動其保固書檔案寄至會員信箱。

◈ 範例延伸

➤ 單位的請購（修）單之產生與管控。

➤ 合約書的產生與管控。

◈ 範例檔案

➤ 指令碼：ch09-單據控管系統 > 指令碼.docx

9.1 建立檔案

9.1.1 建立檔案

STEP 1 在雲端硬碟中，點擊「新增 > 資料夾」。

STEP 2 將資料夾命名為「ch9-保固書」。

STEP 3 進入「ch9-保固書」資料夾,並點擊「新增 > 資料夾」。

STEP 4 將資料夾命名為「保固書檔案」。

STEP 5 在「ch9-保固書」資料夾中，上傳「保固書_範本.docx」與「保固書清單 .xlsx」兩個檔案。

➤ 檔案來源：ch09-保固書

STEP 6 上傳後，「ch9-保固書」資料夾內檔案結構如圖。

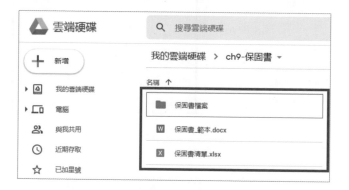

█ 9.1.2 保固書清單檔案格式轉換

一般 Microsoft Office 系列的檔案，上傳至雲端雖然可開啟，但對 GAS 來說是無法直接使用的，必須將檔案轉成 Google 雲端文件的格式。

STEP 1 選取「保固書清單 .xlsx > 滑鼠右鍵 > Google 試算表」，以開啟檔案。

STEP 2 點擊「檔案 > 儲存為 Google 試算表」。

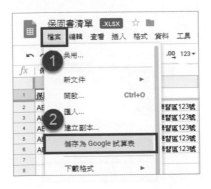

STEP 3 轉存後，於「ch9-保固書」資料夾中會出現新的試算表，往後會以該檔案為主。

9.1.3 保固書範本檔案格式轉換

STEP 1 選取「保固書_範本.docx > 滑鼠右鍵 > Google 文件」，以開啟檔案。

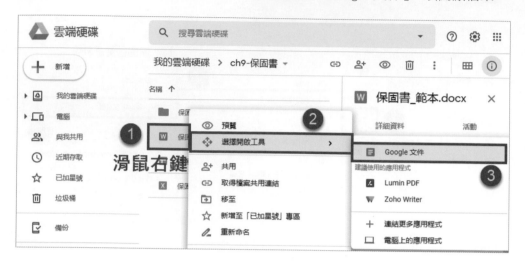

STEP 2 點擊「檔案 > 儲存成 Google 文件」。

STEP 3 轉存後，於「ch9-保固書」資料夾中會出現新的文件，往後會以該檔案為主。

STEP 4 按住 Ctrl 鍵，並選取「保固書_範本.docx」與「保固書清單.xlsx」兩個檔案，在點擊「滑鼠右鍵 > 移除」。

STEP 5 最終「ch9-保固書」資料夾內檔案結構如圖。

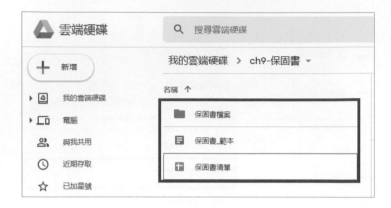

9.2 編寫指令碼 1：資料轉換成文件

9.2.1 文件設定

STEP 1 開啟「保固書清單」試算表。

STEP 2 點擊「擴充功能 > Apps Script」，以開啟 IDE 編輯器。

STEP 3　在 IDE 編輯器中，將專案名稱修改為「SheetToDoc」。

▌9.2.2 建立選單

為了更能自由操控程式的運作，而非每次都要進入 IDE 編輯器來執行，因此必須在現有的 Google 試算表中添加自己所定義的選單，其選單所要執行的內容為指定的函式，藉此使自動化的操作上更加彈性，撰寫程式碼與解說如下：

```
(01)  function onOpen() {
(02)    var sheet - SpreadsheetApp.getActive();
(03)    var menuItems = [
(04)      {name: '轉換成 Doc', functionName: 'SheetToDoc'},
(05)      {name: '轉換 Doc 並寄送保固書', functionName: 'PdfSendMail'}
(06)    ];
(07)    sheet.addMenu('轉換保固書', menuItems);
(08)  }
```

◇ 解說

01：使用預設的 onOpen() 的函式，使開啟文件時執行當中指令碼。

02：宣告 sheet 變數，其值為與試算表取得連接。

03 ～ 06：宣告 menuItems 變數，其值為兩組資料以作為選單內容，且兩組內容間須以「逗號」進行區隔，說明如下：

　　(1) name：表示為按鈕名稱（可隨意修改）。

　　(2) functionName：表示為所要執行函式名稱。

7：利用 addMenu() 函式使在試算表中加入一個選單按鈕於功能列中，參數說明如下：

    (1) 第一個參數：表示為按鈕的名稱（可隨意修改）。

    (2) 第二個參數：表示為所要建立的選單內容。

9.2.3 資料轉換成文件

保固書轉換的過程在程式執行上主要分為幾個流程，解說如下：

1. 在 Google 試算表中選取要轉換的行數。

2. 取得選取行數中所有儲存格的資料。

3. 透過程式來將保固書範本檔案（Google 文件）進行複製與重新命名。

4. 將 Google 試算表中被選取的行數資料寫入到所複製後的保固書範本檔案中，其寫入的位置均會指定專屬名稱進行對照。

5. 將資料轉換後的保固書檔案儲存到指定資料夾中。

6. 完成所有動作後，為了得知是否成功轉檔，而非要自己前往資料夾來尋找該檔案才可得知其結果，因此可透過提示視窗的方式，將轉檔後文件連結顯示在提示視窗中，同時也表示資料已順利轉檔完成。

7. 在該行數的最後一欄儲存格寫入「已轉換」作為提示。

```
(10) function SheetToDoc() {
(11)   var sheet = SpreadsheetApp.getActiveSpreadsheet();
(12)   var document = DriveApp.getFileById('保固書_範本 ID').makeCopy();
```

```
(13)    var documentId = document.getId();
(14)    var range = sheet.getSelection().getActiveRange();
(15)    var i = 1;
(16)    var CardNumber = range.getCell(i,i).getValue();
(17)    var CustomerName = range.getCell(i,i+1).getValue();
(18)    var Address = range.getCell(i,i+2).getValue();
(19)    var Phone = range.getCell(i,i+3).getValue();
(20)    var Email = range.getCell(i,i+4).getValue();
(21)    var ProductNumber = range.getCell(i,i+5).getValue();
(22)    var ProductSerialNumber = range.getCell(1,i+6).getValue();
(23)    var DateOfPurchase = Utilities.formatDate(range.getCell(i,i+7).
        getValue(), 'GMT+8', 'yyyy/MM/dd');
(24)    var WarrantyPeriod = Utilities.formatDate(range.getCell(i,i+8).
        getValue(), 'GMT+8', 'yyyy/MM/dd');
(25)    var New_Name;
(26)    New_Name = DriveApp.getFileById(documentId).setName('保固書_' +
        CustomerName +'_'+ DateOfPurchase);
(27)    var doc = DocumentApp.openById(documentId);
(28)    var body = doc.getBody();
(29)    body.replaceText('{{CardNumber}}', CardNumber);
(30)    body.replaceText('{{CustomerName}}', CustomerName);
(31)    body.replaceText('{{Address}}', Address);
(32)    body.replaceText('{{Phone}}', Phone);
(33)    body.replaceText('{{Email}}', Email);
(34)    body.replaceText('{{ProductNumber}}', ProductNumber);
(35)    body.replaceText('{{ProductSerialNumber}}', ProductSerialNumber);
(36)    body.replaceText('{{DateOfPurchase}}', DateOfPurchase);
(37)    body.replaceText('{{WarrantyPeriod}}', WarrantyPeriod);
(38)    doc.saveAndClose();
(39)    var FolderId = "保固書存放資料夾 ID";
(40)    var Folder = DriveApp.getFolderById(FolderId);
(41)    Folder.addFile(New_Name);
(42)    DriveApp.getFolderById(FolderId).getParents().next().
        removeFile(New_Name);
(43)    var NewDocURL = New_Name.getUrl();
(44)    var html;
(45)    html = HtmlService.createHtmlOutput([
(46)      '<a href="'+ NewDocURL +'" target="_blank">DOC連結</a><br/><br/>'
(47)    ].join(''))
(48)      .setWidth(300)
(49)      .setHeight(100)
(50)      .setTitle('保固書');
(51)    SpreadsheetApp.getActive().show(html);
```

```
(52)   var EMAIL_SENT = " 已轉換 ";
(53)   range.getCell(i,i+9).setValue(EMAIL_SENT);
(54) }
```

◇ 解說

10：制定名為 SheetToDoc() 的函式。

11：宣告名為 sheet 的變數，其值為與試算表取得連接。

12：宣告名為 document 的變數，其值為利用雲端硬碟 API 來與保固書範本（Google 文件）取得連接，同時執行複製。

13：宣告名為 documentId 的變數，其值為取得複製後的保固書文件 ID。

14：宣告名為 range 的變數，其值為取得在 Google 試算表中所被選取之行數。

15：宣告名為 i 的變數，其值為 1。

16 ～ 22：宣告相關變數，其值為取得被選取行數中指定範圍的儲存格之值，依序為保固卡號碼、客戶姓名、聯絡地址、連絡電話、E-mail、產品型號、產品序號。

23 ～ 24：宣告相關變數，其值為取得被選取行數中指定範圍的儲存格之值，同時將日期進行格式化，以「年 / 月 / 天」格式呈現，依序為購買日期、保固到期日。

25：宣告名為 New_Name 的變數，其值為空資料。

26：執行 New_Name 變數，其值為修改複製後保固書文件的名稱。

27：宣告名為 doc 的變數，其值為開啟複製後保固書文件。

28：宣告名為 body 的變數，其值為取得複製後保固書文件的主要內容區域。

補充說明

Google 文件的結構非常類似於 HTML 檔案。也就表示，Google 文件本身是包含其它元素所組成，如圖。當中 Body 是包含所有元素的主元素。

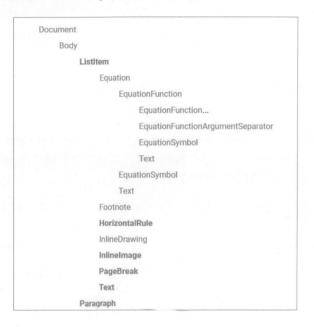

```
Document
    Body
        ListItem
            Equation
                EquationFunction
                    EquationFunction...
                    EquationFunctionArgumentSeparator
                    EquationSymbol
                    Text
                EquationSymbol
                Text
            Footnote
            HorizontalRule
            InlineDrawing
            InlineImage
            PageBreak
            Text
        Paragraph
```

> 說明網址：https://developers.google.com/apps-script/guides/docs#structure_of_a_document

29 ～ 37：執行資料替換動作，將複製後保固書文件中的專屬名稱與在 Google 試算表中所被選取的行數中，其所對應的儲存格資料進行文字替換。文字轉換則利用 replaceText() 來處理，使第一個參數的內容會被替換成第二個參數的內容；第一個參數的內容則是保固書文件中所指定的專屬名稱，專屬名稱為了方便識別，作者以「{{」與「}}」兩符號來包覆文字。

補充說明

保固書文件在複製與資料轉換等過程中，皆在背景執行，因此我們是看不到其轉換的過程。

38：將複製後保固書文件進行存檔與關閉。

39：宣告名為 FolderId 的變數，其值為存檔複製後保固書文件的資料夾 ID。

40：宣告名為 Folder 的變數，其值為與存放文件的指定資料夾取得連接。

41：執行 Folder 變數，在指定資料夾中新增執行資料轉換完畢後的新保固書文件。

42：將父階層資料夾中，同樣名稱的複製後保固書文件進行刪除。

補充說明

在第 41 行之前的指令碼步驟，會將複製後的保固書文件存放在「ch9-保固書」資料夾下，接續再依據指令碼進行資料替換動作。

因此，當執行第 41 行指令後，須將「ch9-保固書」資料夾內的同樣名稱的文件進行刪除。

43：宣告名為 NewDocURL 的變數，其值為新保固書檔案的網址。

44：宣告名為 NewDocURL 的變數，其值為空資料。

45 ～ 50：執行 html 變數，藉由 createHtmlOutput() 函式來將保固書文件連結傳至 Google 試算表中，並以提示視窗呈現。

46：建立轉換後的新保固書文件連結。

47：利用 javascript 中 join() 函式的特性。將字串或列表中的元素以指定的字符（分隔符）連接生成一個新的字串。

48：設定提示視窗之寬度。

49：設定提示視窗之高度。

50：設定提示視窗之標題。

51：與 Google 試算表取得連結，並在 Google 試算表中顯示提示視窗。

52：宣告名為 EMAIL_SENT 的變數，其值為「已轉換」。

53：在所被選取該行的最後一欄之儲存格中寫入「已轉換」資料作為往後轉換時的提示。

複製「保固書 _ 範本」文件的 ID，並貼於程式中的第 12 行。

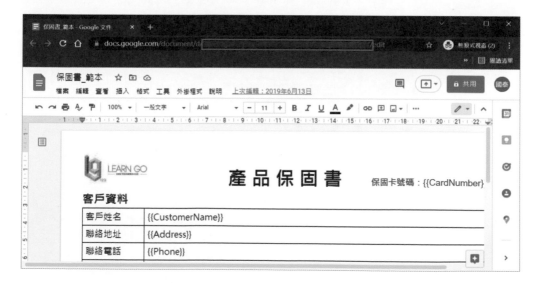

複製「保固書檔案」資料夾的 ID，並貼於程式中的第 39 行。

```
10   function SheetToDoc() {
11       var sheet = SpreadsheetApp.getActiveSpreadsheet();
12       var document = DriveApp.getFileById('                          ').makeCopy();
13       var documentId = document.getId();
14       var range = sheet.getSelection().getActiveRange();
15       var i = 1;
16       var CardNumber = range.getCell(1,1).getValue();
17       var CustomerName = range.getCell(1,1+1).getValue();
18       var Address = range.getCell(1,1+2).getValue();
19       var Phone = range.getCell(1,1+3).getValue();
20       var Email = range.getCell(1,1+4).getValue();
21       var ProductNumber = range.getCell(1,1+5).getValue();
22       var ProductSerialNumber = range.getCell(1,1+6).getValue();
23       var DateOfPurchase = Utilities.formatDate(range.getCell(1,1+7).getValue(), 'GMT+8', 'yyyy/MM/dd');
24       var WarrantyPeriod = Utilities.formatDate(range.getCell(1,1+8).getValue(), 'GMT+8', 'yyyy/MM/dd');
25       var New_Name;
26       New_Name = DriveApp.getFileById(documentId).setName('保固書_' + CustomerName +'_'+ DateOfPurchase);
27       var doc = DocumentApp.openById(documentId);
28       var body = doc.getBody();
29       body.replaceText('{{CardNumber}}', CardNumber);
30       body.replaceText('{{CustomerName}}', CustomerName);
31       body.replaceText('{{Address}}', Address);
32       body.replaceText('{{Phone}}', Phone);
33       body.replaceText('{{Email}}', Email);
34       body.replaceText('{{ProductNumber}}', ProductNumber);
35       body.replaceText('{{ProductSerialNumber}}', ProductSerialNumber);
36       body.replaceText('{{DateOfPurchase}}', DateOfPurchase);
37       body.replaceText('{{WarrantyPeriod}}', WarrantyPeriod);
38       doc.saveAndClose();
39       var FolderId = '                    ';
40       var Folder = DriveApp.getFolderById(FolderId);
41       Folder.addFile(New_Name);
42       DriveApp.getFolderById(FolderId).getParents().next().removeFile(New_Name);
43       var NewDocURL = New_Name.getUrl();
44       var html;
45       html = HtmlService.createHtmlOutput([
46           '<a href="'+ NewDocURL +'" target="_blank">DOC連結</a><br/><br/>'
47       ].join(''))
48           .setWidth(300)
49           .setHeight(100)
50           .setTitle('保固書');
51       SpreadsheetApp.getActive().show(html);
52       var EMAIL_SENT = '已轉換';
53       range.getCell(1,1+9).setValue(EMAIL_SENT);
54   }
```

9.3 編寫指令碼 2：資料轉換成 PDF 並自動寄送信件

9.3.1 複製腳本

轉換成 PDF 並自動寄送信件所要執行的動作，為 9.2 小節將 Google 試算表資料轉換成 Google 文件的延伸。因此在指令碼部份則採取複製並修改的方式來完成轉換成 PDF 與發送信件的動作。

STEP 1 在 IDE 編輯器中，點擊「檔案 > 新增 > 指令碼」。

STEP 2 將指令碼命名為「PdfSendMail」。

STEP 3 複製「程式碼 .gs」中的所有程式，並貼到「PdfSendMail.gs」指令碼中。

9.3.2 修改腳本

根據此小節的執行需求，針對既有的指令碼進行修正與新增。

STEP 1 在 PdfSendMail.gs 指令碼中所要執行的動作如下：

(1) 刪除「onOpen()」函式所有資料。

(2) 將 SheetToDoc() 函式名稱改為「PdfSendMail()」。

STEP 2 在第 35 行之後按下「Enter」鍵，在新增的空白行中，所撰寫程式碼與解說如下：

```
(36)    var pdf;
(37)    pdf = New_Name.getAs('application/pdf');
(38)    Folder.createFile(pdf);
```

◇ 解說

36：宣告名為 pdf 的變數，其值為空資料。

37：執行 pdf 變數，其值為將新保固書檔案專換為 pdf 格式。

38：執行 Folder 變數，在指定資料夾中新增轉換的 pdf 檔案。

STEP 3 在第 38 行之後按下「Enter」鍵，在新增的空白行中，所撰寫程式碼與解說如下：

```
(39) MailApp.sendEmail({
(40)    to: Email,
(41)    subject: "商品保固書",
(42)    htmlBody:
(43)     "<!DOCTYPE html>"+
(44)     "<html>"+
(45)       "<body>"+
(46)          "親愛的   "+ CustomerName +"   先生/女士
               <br/><br/>"+
(47)          "<p style='font-family: Microsoft JhengHei;'>感謝您購買本公司
               商品,該商品保固書如附件 </p> <br/>"+
(48)          "<p> --123LearnGo 有限公司   敬上 </p>"+
(49)       "</body>"+
(50)     "</html>",
(51)    attachments:[pdf],
(52) });
```

◇ 解說

39：利用 Mail 的 API 來執行寄送信件的動作。

40：收件者電子信箱，其電子信箱位置為第 20 行的 Email 變數值。

41：信件主旨。

42 ～ 50：信件內容。以網頁結構的方式來編輯信件內容。

51：夾帶轉換後的 PDF 檔案作為附件。

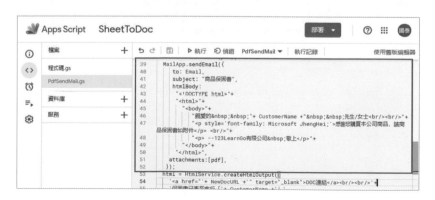

STEP 4 將第第 53 至 63 行的指令進行新增與修正，修正內容如紅字處，程式碼解說如下：

```
(53)  html = HtmlService.createHtmlOutput([
(54)    '<a href="'+ NewDocURL+'" target="_blank">DOC 連結 </a><br/><br/>'+
(55)    ' 保固書已寄至客戶「'+ CustomerName +'」'
(56)  ].join(''))
(57)    .setWidth(300)
(58)    .setHeight(100)
(59)    .setTitle(' 保固書已寄送 ');
(60)  SpreadsheetApp.getActive().show(html);
(61)  var EMAIL_SENT = " 已發送 ";
(62)  range.getCell(i,i+9).setValue(EMAIL_SENT);
```

◇ 解說

54：由於有兩筆資料，因此在此行的最後加上「＋」符號。

55：新增寄送信件後的訊息通知。

59：將提示視窗之標題改為「保固書已寄送」。

61：將 EMAIL_SENT 變數值改為「已發送」。

9.4 執行結果

9.4.1 執行指令碼

STEP 1 點擊「儲存」（Ctrl + S）。

STEP 2 前往「程式碼 .gs」指令碼頁面，選擇要執行的函式「onOpen()」後，再點擊「執行」按鈕。

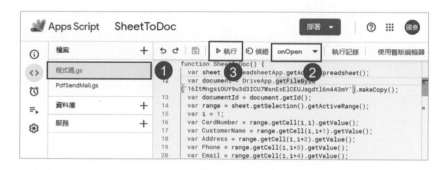

補充說明

雖然指令碼的變數或函式可跨指令碼，但若要執行 A 函式時，必須在對應的指令碼中才可選擇到 A 函式。

STEP 3 點擊「審查權限」按鈕。當要與其他 Google Apps 進行互動時，都必須取得權限。

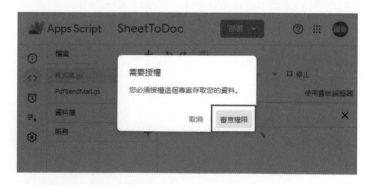

STEP 4 點擊審查權限後，會跳出選擇帳戶的視窗，此時點擊您的帳戶。

STEP 5 點擊「進階」選項。

STEP 6 點擊「前往「SheetToDoc」（不安全）」選項。

STEP 7 最後，點擊「允許」按鈕。
當中也會列出該專案透過 API 可
操作的內容與權限。

9.4.2 轉成文件

STEP 1 於保固書清單試算表中，反白選取某一列的資料後，點擊「轉換保固書 > 轉換成 Doc」。

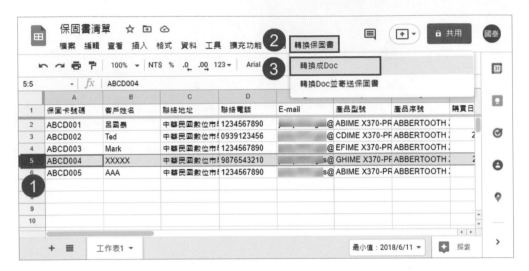

STEP 2 執行成功後，在 Google 試算表中會出現提示視窗。視窗內會附上已轉換成文件檔案的「Doc 連結」，點擊該連結後可直接開啟轉換後的保固書文件。

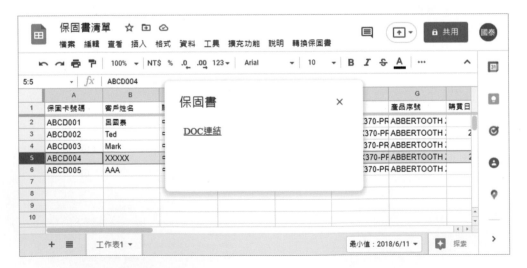

STEP 3 轉換成功後，程式會於該列的「發送狀態」儲存格中，自動寫入「已轉換」文字來作為提示。

STEP 4 進入「保固書檔案」資料夾中，可查看到剛所轉換的保固書文件檔案。

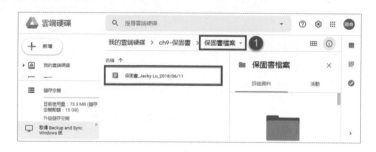

9.4.3 轉成 PDF

STEP 1 於保固書清單試算表中，反白選取某一列的資料後，點擊「轉換保固書 > 轉換 Doc 並寄送保固書」。

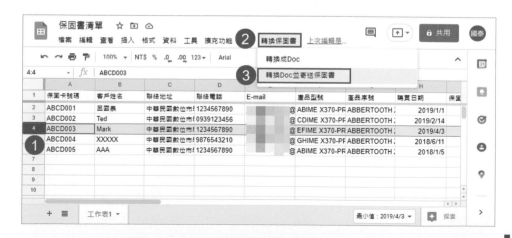

STEP 2 執行成功後，在 Google 試算表中會出現提示視窗。視窗內除了附上已轉換成文件檔案的「Doc 連結」且點擊該連結後會自動開啟轉換的文件外，還會自動將保固書的 PDF 檔案寄至客戶信箱。

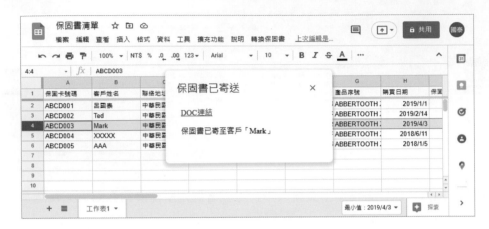

STEP 3 於信件中可查看到系統所寄送的保固書信件。

STEP 4 信件中的 PDF 附件。

STEP 5 進入「保固書檔案」資料夾中,可查看到剛所轉換的保固書文件檔案與 PDF 檔案。

Note

10

LINE Notify
設備報修

◇ 範例說明

自動且即時的通報對於某些人或單位而言是極度需要的,因為可在第一時間掌握狀況並進行回應。本範例以設備報修為例,同時搭配使用率最高的 LINE 通訊軟體作為訊息的接收媒介,當有人填寫 Google 表單進行報修後,LINE 就會立即跳出訊息,其訊息內容為報修者所填寫的表單內容,此時接收到訊息的人就可即時的進行相關處理。

◇ 範例延伸

除了可針對單筆資料即時傳送到 LINE 外,還可利用 Google 表單的優勢,協助如團體間的團購、訂餐或訂飲料等,同時在該表單試算表中利用樞紐分析功能來自動統計結果,在透過 GAS 將統計後工作區的資料傳送至 LINE,如此除了省去統計的時間外,還可即時掌控訂單情形。

◇ 範例檔案

➤ 指令碼:ch10-Line Notify 設備報修 > 指令碼.docx

10.1 LINE Notify 介紹

即時通訊軟體已是現代人不可缺少的必備工具。當中 LINE 在台灣的高使用率更是不爭的事實,除了將 LINE 當成聊天的工具外,還會用來分享文章連結、轉貼文章、轉貼影片、轉貼照片與傳遞訊息等。

LINE Notify 是 LINE 眾多服務中的其中一種服務,也是本書利用 LINE 實現自動化通知的主要方式,也支援一對一或指定群組發送訊息。

與 LINE Chatbot 不同的是,LINE Notify 並無法像機器人一樣與使用者對話,也無法在聊天室與使用者互動,只能單方面的傳送訊息給使用者。LINE Notify 在使用上需注意,必須先把 LINE Notify 官方帳號加為好友,且不能封鎖它,以及對 LINE 中的個人或群組進行授權,才能接收到通知訊息(也可透過群組接收通知)。

對於想主動發送訊息並推播給客戶的公司來説，LINE Notify 雖然免費但較沒有品牌辨識度，因為是透過 LINE Notify 官方帳號來發送訊息，而不是公司的 LINE@ 帳號，且 LINE Notify 需要經過每個使用者的同意才可以發送訊息給他。但如同前面所述，LINE Notify 在授權時可選擇一對一或指定群組，若選擇將訊息發送到群組，那麼群組裡面的人們不必執行授權就能接收到 LINE Notify 發送的訊息。

10.2 取得 LINE Notify 發行權杖

STEP 1 前往「LINE Notify」官網。

> 網址：https://notify-bot.line.me/zh_TW/

STEP 2 首頁中間可看到 LINE Notify 的官方帳號。

STEP 3 使用手機進入 LINE 軟體並利用行動條碼掃描 PC 螢幕上的 QR-CODE 使將 LINE Notify 機器人加為好友。

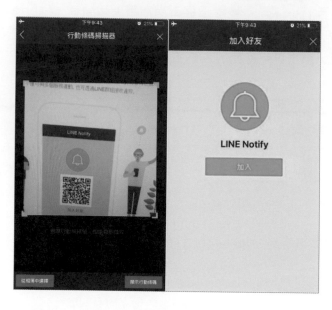

STEP 4 加為好友後，可以進入 LINE Notify 的聊天室，即看到有歡迎與可用服務的兩個訊息。

將 LINE Notify 自動化機器人程式設定成好友，跟一般加好友一樣。加入後 LINE Notify 會先丟歡迎訊息給你，當然這是自動化功能，即使回覆訊息也不會有人收到。

STEP 5 建立一個 LINE 群組，名為「設備報修」。建立群組的用意為，希望把相關的負責人加入此群組來一起維護設備，若您只想單方面接收 LINE Notify 的通知，則可直接跳往 Step8 進行後續操作。

STEP 6 在群組中，邀請「LINE Notify」加入群組（筆者以電腦 LINE 操作為例）。切記在此群組中不能把 LINE Notify 這個機器人刪除，否則就會無法收到訊息。

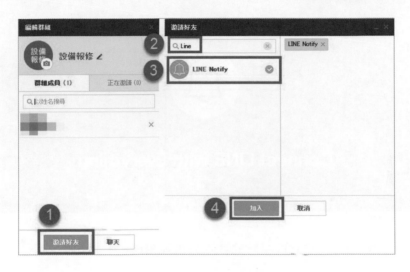

STEP 7 加為好友後不需任何設定，LINE Notify 會自動加入。

STEP 8 前往「LINE Notify」官網，並點擊右上角的「登入」按鈕。

➤ 網址：https://notify-bot.line.me/zh_TW/

STEP 9 登入與 Step3 建立群組時的登入帳號與密碼。

STEP 10 登入後，於右上角可看見自己的 LINE ID，點擊 LINE ID 後並點擊「個人頁面」選項。

STEP 11 於網頁中點擊「發行權杖」按鈕。

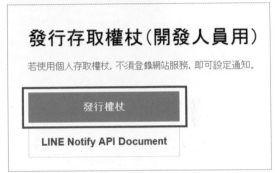

STEP 12 發行權杖視窗中所要填寫的資料如下：

(1) 權杖名稱：設備報修。

(2) 選擇要接收通知的聊天室：設備報修（LINE 群組名稱）。

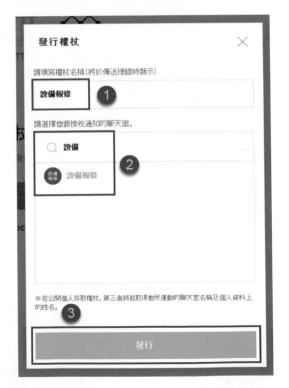

補充說明

權杖名稱表示 LINE Notify 在訊息
時，該訊息的提示性標題。因為您可
能會有多組訊息是採用「透過 1 對 1
聊天接收 LINE Notify 的通知」，為
了能區分彼此訊息的來源，故會以權
杖名稱作為每組訊息的開頭文字。

補充說明

在「選擇要接收通知的聊天室」設定
中，您不希望訊息會傳送到群組時，
可選擇「透過 1 對 1 聊天接收 LINE
Notify 的通知」。

STEP 13 設定後，會得到一組權杖碼，此時先不要關閉該視窗，後續於 GAS 程式編寫過程中會利用到此權杖碼。

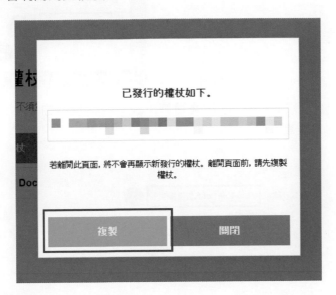

當離開或關閉權杖頁面後，則無法在透過任何方式顯示該權杖碼，屆時唯一的解決方式則必須重新在建立新的權杖碼。

10.3 建立表單

STEP 1 在雲端硬碟中，點擊「新增 > 資料夾」。

STEP 2 　將 資 料 夾 命 名 為「ch10-Line Notify 設備報修」。

STEP 3 　進入「ch10-Line Notify 設備報修」資料夾，在空白處點擊「滑鼠右鍵 > 更多 > Google 表單」。

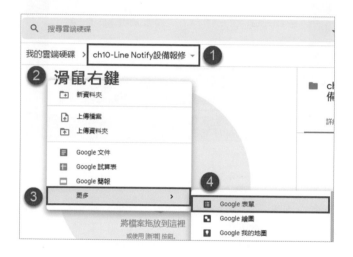

STEP 4 　將 Google 表單的名稱改為「設備報修」。

STEP 5 將預設的問題進行修改，其設定如下：

(1) 問答類型：簡答。

(2) 問題主旨：單位。

(3) 必填：是。

(4) 新增問題。

STEP 6 第二個問題進行修改，其設定如下：

(1) 問答類型：簡答。

(2) 問題主旨：姓名。

(3) 必填：是。

(4) 新增問題。

STEP 7　第三個問題進行修改，其設定如下：

(1) 問答類型：下拉式選單。

(2) 問題主旨：地點。

(3) 選單內容：

　　1、A101。

　　2、A102。

　　3、A103。

　　4、其他。

(4) 必填：是。

(5) 新增問題。

STEP 8　第四個問題進行修改，其設定如下：

(1) 問答類型：簡答。

(2) 問題主旨：損壞設備。

(3) 必填：是。

(4) 新增問題。

STEP 9 第五個問題進行修改,其設定如下:

(1) 問答類型:段落。

(2) 問題主旨:損壞狀況說明。

(3) 必填:是。

(4) 新增問題。

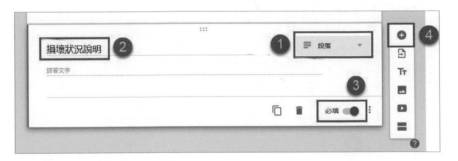

STEP 10 第六個問題進行修改,其設定如下:

(1) 問答類型:檔案上傳。

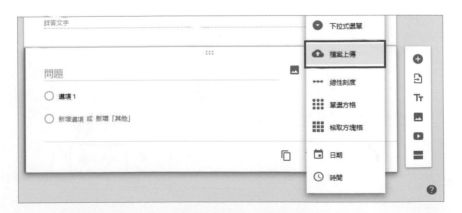

STEP 11 點擊「繼續」按鈕來允許他人可將檔案上傳至雲端硬碟。

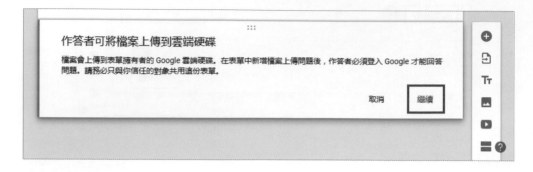

STEP 12 在檔案上傳面板中，其設定如下：

(1) 問題主旨：損壞照片。

(2) 僅允許特定檔案類型：允許。

(3) 檔案類型：鉤選圖片類型。

(4) 檔案數量上限：1。

(5) 檔案大小上限：10MB。

(6) 必填：是。

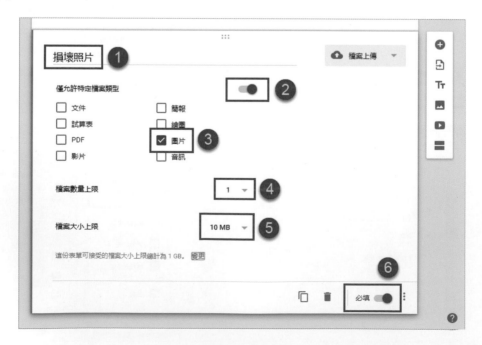

STEP 13 點擊「預覽」按鈕來瀏覽所設計的問卷。

STEP 14 此時，依據表單問題進行填寫，以建立一筆資料。

設備報修

系統會在你上傳檔案和提交這份表單時，記錄和你 Google 帳戶相關聯的名稱和相片。
_____ 不是你本人嗎？切換帳戶

*必填

單位 *

總務處

姓名 *

jacky

地點 *

　A101　▾

損壞設備 *

理板擦機

損壞狀況說明 *

理板擦機無法啟動

損壞照片 *

🖼 S_55132165.jpg ✕

提交

請勿利用 Google 表單送出密碼。

STEP 15 填寫完畢後，於 Google 表單的編輯頁面，可看見已有一筆資料的回覆。

STEP 16 切換至回覆的頁面,點擊「Google Sheet」按鈕,使將回覆的資料建立成試算表。

STEP 17 在建立試算表的視窗中,選取「建立新試算表」並將試算表名稱修改為「設備報修清單」。

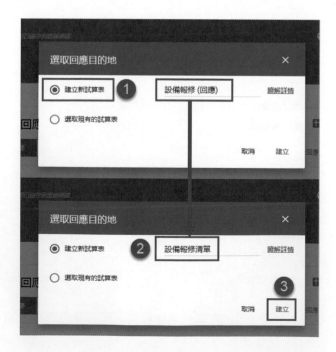

STEP 18 建立完畢後，於資料夾中可看見所新建立的試算表檔案。

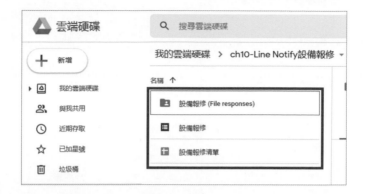

STEP 19 開啟「設備報修清單」試算表，並於 H 欄中手動新增「發佈狀態」。

10.4 編寫指令碼

10.4.1 文件設定

STEP 1 點擊「擴充功能 > Apps Script」，以開啟 IDE 編輯器。

STEP 2 在 IDE 編輯器中，將專案名稱修改為「repair」。

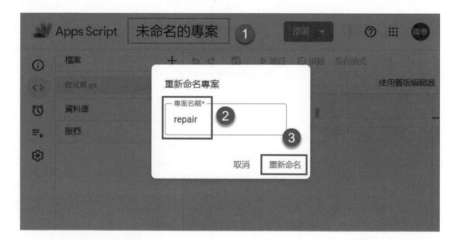

10.4.2 取得發送資料

當報設備報修表單送出後，等同於加入一筆新資料到 Google 試算表中，與此同時會觸發擷取資料的函式，並將其擷取結果發送至 LINE 中，撰寫程式碼與解說如下：

```
(01) var lineToken = 'Line Notify 權杖碼';
(02) var LineText = '';
```

```
(03)
(04)  function main() {
(05)    var sheet = SpreadsheetApp.getActiveSheet();
(06)    var range = sheet.getDataRange();
(07)    var data = range.getValues();
(08)    for (var i = 1; i < data.length; ++i) {
(09)      var sendText = sheet.getRange(i+1,8).getValues();
(10)      if ( sendText == '') {
(11)        var rows = data[i];
(12)        var Time = Utilities.formatDate(rows[0], 'GMT+8', 'yyyy/MM/dd
               HH:mm');
(13)        var Depart = rows[1];
(14)        var Name = rows[2];
(15)        var Location = rows[3];
(16)        var Device = rows[4];
(17)        var Desc = rows[5];
(18)        var IMG = rows[6];
(19)        sheet.getRange(i+1,8).setValue('已發佈');
(20)        LineText = '\n 報修時間：' + Time + '\n\n' +
(21)         ' 報修單位：' + Depart + '\n\n'+
(22)         ' 報修者：' + Name + '\n\n'+
(23)         ' 損壞地點：' + Location + '\n\n'+
(24)         ' 損壞設備：' + Device + '\n\n'+
(25)         ' 損壞狀況說明：' + Desc + '\n\n'+
(26)         ' 損壞照片：' + IMG;
(27)        Logger.log(LineText);
(28)        //sendToLine(LineText);
(29)      }
(30)    }
(31)  }
```

◇ 解說

01：宣告名為 lineToken 的變數，其值為「Line Notify 權杖碼」。

02：宣告名為 LineText 的變數，其值為空字串。

04：制定名為 main() 的函式。

05：宣告名為 sheet 的變數，其值為與試算表取得連接。

06：宣告名為 range 的變數，其值為取得試算表中工作表的儲存格。

07：宣告名為 data 的變數，其值為取得工作表中儲存格的資料。

08：建立 for 迴圈，設定重點如下：

    (1) 宣告名為 i 的變數，且變數起始值為 1。

    (2) 判斷 i 值小於 data.length（資料的長度）的條件是否成立，若條件
        成立時執行 ++ i;，同時也會執行迴圈中第 9 ～ 28 行的指令碼。

09：宣告名為 sendText 的變數，其值為取得工作表中第 i+1 行至第 8 欄位
的儲存格資訊。

10：建立 if 條件判斷式，判斷 sendText 變數值是否為空資料，若條件滿足
時執行第 11 ～ 28 行的指令碼。

11：宣告名為 rows 的變數，其值為取得 data 變數中的第 [i] 組資料。

12：宣告名為 Time 的變數，其值為取得的 rows 資料中第 0 筆資料，並將
時間進行格式化，以「年份 / 月份 / 天 24 時制 : 分鐘」格式呈現。

13：宣告名為 Depart 的變數，其值為取得的 rows 資料中第 1 筆資料（單
位）。

14：宣告名為 Name 的變數，其值為取得的 rows 資料中第 2 筆資料（姓
名）。

15：宣告名為 Location 的變數，其值為取得的 rows 資料中第 3 筆資料（地
點）。

16：宣告名為 Device 的變數，其值為取得的 rows 資料中第 4 筆資料（損
壞設備）。

17：宣告名為 Desc 的變數，其值為取得的 rows 資料中第 5 筆資料（損壞
狀況說明）。

18：宣告名為 IMG 的變數，其值為取得的 rows 資料中第 6 筆資料（損壞
照片）。

19：在試算表中所取得的行數之第 8 欄儲存格中寫入「已發佈」。

～ 26：LineText 變數值為第 12 行至第 18 行所取得之資訊，並利用人較
   懂之方式安排內容。

     Logger.log 來列印出 LineText 變數的結果。

     ext 變數值帶入到 sendToLine() 函式中。（此指令暫時以註解方

...tify 權杖碼

...其...「複製」按鈕。(10.2 小節建立的權杖碼。)

LINE Notify 設備報修

說

33：制定名為 sendToLine(LineText) 的函式，

　　至第 26 行之結果。

34：宣告名為 token 的變數，其值為 lineToken

35：宣告名為 URL 的變數，其值為網路上一

36 ～ 45：宣告名為 options 的變數，其值

38：請求的方式為 post。

39：「Authorization」(授權)，其值為

41：所要發送的訊息為 LineText 變數

　　...為 URL 變數值。

...連動的服務，也就是

```
(3
(36)
(37)
(38)
(39)        "i
(40)        "pay
(41)          'mes
(42)          'image
(43)          'imageFu.
(44)        }
(45)      };
(46)    UrlFetchApp.fetch("h
       options);
(47) }
```

補充說明

LINE Notify API

repair

STEP 2 於指令碼中貼上 LINE Notify 權杖碼。

STEP 3 點擊「儲存」（Ctrl + S）。

10.5 執行指令碼

10.5.1 執行指令碼

STEP 1 選擇要執行的函式「main」後，再點擊「執行」按鈕。

STEP 2 點擊「審查權限」按鈕。當要與其他 Google Apps 進行互動時，都必須取得權限。

STEP 3　點擊審查權限後，會跳出選擇帳戶的視窗，此時點擊您的帳戶。

STEP 4　點擊「進階」選項。

STEP 5 點擊「前往「repair」(不安全)」選項。

STEP 6 最後,點擊「允許」按鈕。當中也會列出該專案透過 API 可操作的內容與權限。

STEP 7 點擊「查看 > 記錄」來查看目前程式所擷取到的訊息結果。

STEP 8 確定抓取結果無誤後，指令碼須修改狀態如下：

(1) 第 27 行 Logger.log(LineText); 指令：改為註解狀態。

(2) 第 28 行 sendToLine(LineText); 指令：取消註解狀態。

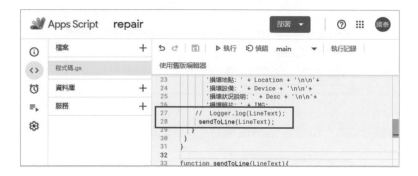

10.5.2 設定共用

在傳送的訊息中會附帶設備損壞照片的連結，此連結位置則在「雲端硬碟 > ch10-Line Notify 設備報修」資料夾中。由於權限的關係，必須將該資料夾的共用方式設為「知道連結的人均可以檢視」，如此在 LINE 中當點擊照片網址時才可順利瀏覽。

STEP 1 於「ch10-Line Notify 設備報修」資料夾中,對「設備報修 (File responses)」資料夾點擊「滑鼠右鍵 > 共用」。

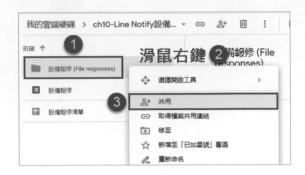

STEP 2 在與使用者和群組共用面板中,點擊「變更任何知道這個連結的使用者權限」。

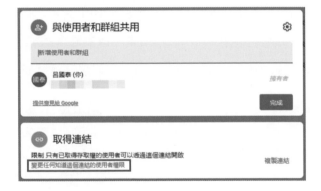

STEP 3 將權限改為「知道連結的使用者」,並點擊完成按鈕。

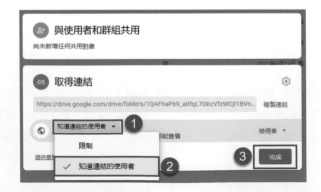

10.5.3 測試是否傳送到 LINE

STEP 1 開啟設備報修清單檔案。

STEP 2 刪除設備報修清單中，H2 儲存格的資料。

STEP 3 點擊「擴充功能 > App Script」。

STEP 4 選擇要執行的函式「main」後，再點擊「執行」按鈕。

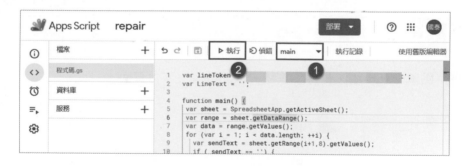

STEP 5 此時，在 LINE 設備報修群組中可收到由 LINE Notify 所發送的報修訊息。

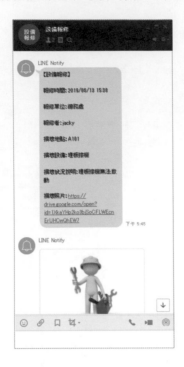

10.6 建立觸發條件

STEP 1 點擊左側「觸發條件」按鈕，以開啟觸發條件頁面。

在觸發

Apps Script　repair

11

LINE Notify
每日行程通知

◈ 範例說明

紀錄行程的方式有很多種，且通知方式與其通知條件也都不一樣，如 Google 日曆就可滿足行程建置與行程通知。

本範例是利用 Google 試算表來記錄每日行程，當觸發時間到達時，程式會自動判斷 Google 試算表的行程中是否有符合當天日期的行程，滿足條件時則會將行程傳送到 LINE。另外，若在當天有新的行程加入時，還可透過執行 LINE 傳送按鈕將行程立即傳送到 LINE。

由於是採用 Google 試算表作為紀錄的來源，因此對於往後要產生報表或進行資料分析時都可輕易達成。

◈ 範例檔案

➤ 指令碼：ch11-Line Notify 每日行程通知 > 指令碼.docx

11.1 取得 LINE Notify 發行權杖

STEP 1 前往「LINE Notify」官網。

➤ https://notify-bot.line.me/zh_TW/

STEP 2 首頁中間可看到 LINE Notify 的官方帳號。

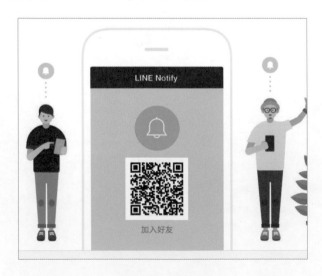

STEP 3 使用手機進入 LINE 軟體並利用行動條碼掃描 PC 螢幕上的 QR-CODE 使將 LINE Notify 機器人加為好友。

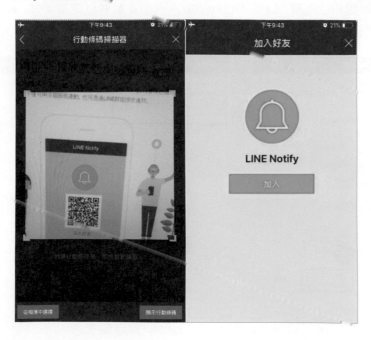

STEP 4 加為好友後,可以進入 LINE Notify 的聊天室,即看到有歡迎與可用服務的兩個訊息。

STEP 5 建立一個 LINE 群組，名為「行程通知」。

STEP 6 在群組中，邀請「LINE Notify」加入群組（筆者以電腦 LINE 操作為例）。切記在此群組中不能把 LINE Notify 這個機器人刪除，否則就會無法收到訊息。

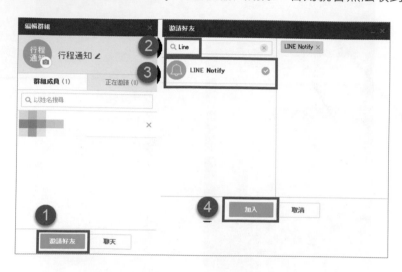

STEP 7 加為好友後不需任何設定，LINE Notify 會自動加入。

STEP 8 前往「LINE Notify」官網,並點擊右上角的「登入」按鈕。

➤ 網址:https://notify-bot.line.me/zh_TW/

STEP 9 以 Step3 建立群組時的帳號與密碼登入。

STEP 10 登入後,於右上角可看見自己的 LINE ID,點擊 LINE ID 後並點擊「個人頁面」選項。

STEP 11 於網頁中點擊「發行權杖」按鈕。

STEP 12 發行權杖視窗中所要填寫的資料如下:

(1) 權杖名稱:行程通知。

(2) 選擇要接收通知的聊天室:行程通知(LINE 群組名稱)。

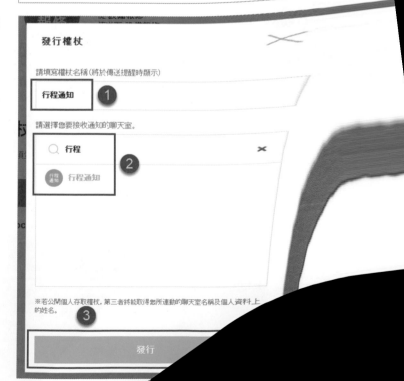

STEP 13 設定後，會取得一組權杖碼，此時先不要關閉該視窗，後續於 GAS 程式編寫過程中會利用到此權杖碼。

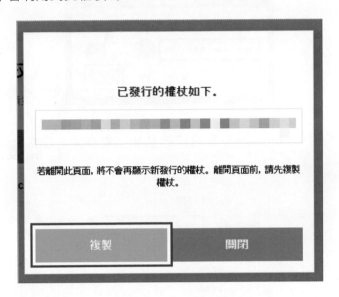

11.2 建立檔案

STEP 1 在雲端硬碟中，點擊「新增 > 資料夾」。

STEP 2 將資料夾命名為「ch11-Line Notify 每日行程通知」。

STEP 3 進入「ch11-Line Notify 每日行程通知」資料夾,在空白處點擊「滑鼠右鍵 > Google 試算表」。

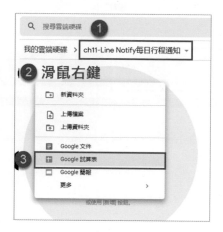

STEP 4 於試算表中修改事項如下:

(1) 試算表名稱:每日行程通知。

(2) A1 至 H1 儲存格中,依序輸入「行程主旨」、「行程說明」、「行程日期」、「起始時間」、「結束時間」、「地點」、「備註」與「發佈狀態」。

STEP 5 於試算表中的 A2 ～ G2 欄位中，依照 A1 ～ G1 欄位的標題而建立一筆資料。（建立資料時，行程日期須與目前在撰寫程式的日期同一天，否則在測試階段是無法得到結果的。）

STEP 6 選取「C 欄 > 格式 > 數值 > 純文字」。

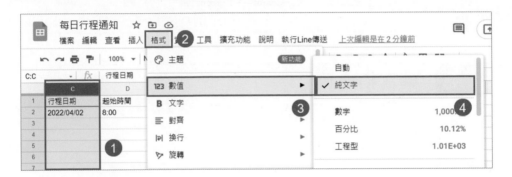

補充說明

在行程日期部分的儲存格中，由於是以純文字的格式為主，為了使程式在進行日期比對時可以正常，故「月」與「日」須以兩位元為主，如 2022/4/1，需改為 2022/04/01。

STEP 7 同時選取「D 欄與 E 欄 > 格式 > 數值 > 時間」。

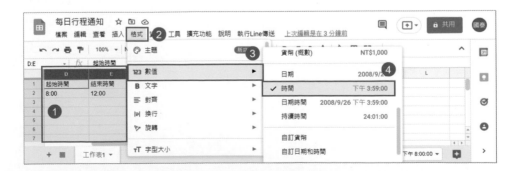

補充說明

在起始與結束時間的儲存格中，爾後輸入的資料方式如「08:00」或「16:00」（24 小時制），輸入完畢後儲存格會自動轉時間的格式。

STEP 8 C、D、E 三欄位設定完結果如圖。

	A	B	C	D	E	F	G	H
1	行程主旨	行程說明	行程日期	起始時間	結束時間	地點	備註	發佈狀態
2	測試	測試	2022/04/02	上午 8:00:00	下午 12:00:00	測試	測試	
3								
4								

11.3 編寫指令碼

11.3.1 文件設定

STEP 1 點擊「擴充功能 > Apps Script」，以開啟 IDE 編輯器。

STEP 2 在 IDE 編輯器中，將專案名稱修改為「schedule」。

▌11.3.2 建立選單

為了更能自由操控程式的運作，而非每次都要進入 IDE 編輯器來執行，因此必須在現有的 Google 試算表中添加自己所定義的選單，其選單所要執行的內容為指定的函式，藉此使自動化的操作上更加彈性，撰寫程式碼與解說如下：

```
(01)  function onOpen(){
(02)    var sheet = SpreadsheetApp.getActiveSpreadsheet() ;
(03)    var menuItems = [{name: " 執行 Line 傳送 ", functionName: "main"}];
(04)    sheet.addMenu(" 執行 Line 傳送 ", menuItems);
(05)  }
```

◇ 解說

01：使用預設的 onOpen() 函式，使開啟文件時執行當中指令碼。

02：宣告名為 sheet 的變數，其值為與試算表取得連接。

03：宣告名為 menuItems 的變數，其值為一組資料以作為選單內容，說明如下：

   (1) name：表示為按鈕名稱（可隨意修改）。

   (2) functionName：表示為所要執行函式名稱。

04：利用 addMenu() 函式使在試算表中加入一個選單按鈕於功能列中，參數說明如下：

(1) 第一個參數：表示為按鈕的名稱（可隨意修改）。

(2) 第二個參數：表示為所要建立的選單內容。

11.3.3 共用變數

將專案中會重復使用的變數設置在函式外，使成為共用型態，撰寫程式碼與解說如下：

```
(07) var lineToken = 'Line Notify 權杖碼';
(08) var LineText = '';
(09) var sheet = SpreadsheetApp.getActiveSheet() ;
(10) var range = sheet.getDataRange() ;
(11) var data = range.getValues() ;
(12) var now = Utilities.formatDate(new Date() , 'GMT+8', 'yyyy/MM/dd').
     toString() ;
```

◇ 解說

07：宣告名為 lineToken 的變數，其值為「Line Notify 權杖碼」。

08：宣告名為 LineText 的變數，其值為空字串。

09：宣告名為 sheet 的變數，其值為與試算表取得連接。

10：宣告名為 range 的變數，其值為取得試算表中工作表的儲存格。

11：宣告名為 data 的變數，其值為取得工作表中儲存格的資料。

12：宣告名為 now 的變數，其值為取得當下的本地日期時間，並將日期進行格式化，以「年份 / 月份 / 天」格式呈現，且轉為字串類型以方便之後的條件比對。

11.3.4 資料排序

在試算表中，行程的填報都是直接在最後一筆資料之後進行填寫，長久下來難免會導致整個行程時間是錯亂的，故可透過 GAS 在固定的時間進行指定欄位的排序以減去人為的操作，讓填報行程的人只要專注在一件事情上即可，撰寫程式碼與解說如下：

```
(14) function sort() {
(15)    var rangeSS = sheet.getRange(2,1,sheet.getLastRow()-1, sheet.
        getLastColumn() );
(16)    rangeSS.sort([{column: 3, ascending: true}, {column: 4, ascending:
        true}]);
(17) }
```

◇ 解說

14：制定名為 sort () 的函式。

15：宣告名為 rangeSS 的變數，其值為取得試算表中第二行到最後一行再減去第一行標題的所有儲存格。

> **補充說明**
>
> getLastRow() 所擷取的行數是從第一行開始計算到最後一筆資料的行數，此範例的資料是從第二還開始；第一行為標題，若不減去所佔的標題行數時，假設 getLastRow() 擷取到的所有資料有 5 行時 (含標題行)，同時從第二行開始填入資料，這時 getLastRow() 擷取到的行數是 6 行 (標題行 1 + 擷取行數 5)。

16：將 rangeSS 變數中的內容透過 sort() 函式的功能來進行排序，排序規則如下：

(1) 第一優先：行程日期，升序（由小到大）。

(2) 第二優先：起始時間，升序（由小到大）。

 **補充說明**

在 sort() 排序規則中，ascending 參數值若設為 true 為升冪；false 為降冪。

11.3.5 取得發送資料

當行程填寫完畢後有兩種觸發方式，說明如下以及撰寫程式碼與解說如下：

1. 第一種：於每天固定時間針對試算表中所有的行程日期進行比對，若行程日期符合當天日期的行程資料則自動發送到 LINE 中。

2. 第二種：若行程是屬於「當天臨時修正」或「當天臨時追加」的情況，可藉由自定義選單按鈕，手動將符合當天日期的行程發送到 LINE 中。

```
(19) function main()  {
(20)   for (var i = 1; i < data.length; i++) {
(21)     var TodayDate = sheet.getRange(i+1,3).getValues().toString() ;
(22)     var sendText = sheet.getRange(i+1,8).getValues();
(23)     if ( now === TodayDate && sendText == '') {
(24)       var rows = data[i];
(25)       var Title = rows[0];
(26)       var Content = rows[1];
(27)       var Date = rows[2];
(28)       var Start = Utilities.formatDate(rows[3], 'GMT+8', 'HH:mm');
(29)       var End = Utilities.formatDate(rows[4], 'GMT+8', 'HH:mm');
(30)       var Location = rows[5];
(31)       var Note= rows[6];
(32)       sheet.getRange(i+1,8).setValue('已發佈');
(33)       LineText = '\n\n行程名稱：' + Title + '\n\n' +
```

```
(34)          '行程日期:' + Date + '\n\n'+
(35)          '開始時間:' + Start + '\n\n'+
(36)          '結束時間:' + End + '\n\n'+
(37)          '地點:' + Location + '\n\n'+
(38)          '行程內容:' + Content + '\n\n' +
(39)          '備註:' + Note + '\n\n';
(40)       Logger.log(LineText);
(41)       //sendToLine(LineText);
(42)     }
(43)   }
(44) }
```

◇ 解說

19:制定名為 main() 的函式。

20:建立 for 迴圈,設定重點如下:

(1) 宣告名為 i 的變數,且變數起始值為 1。

(2) 判斷 i 值小於 data.length（資料的長度）的條件是否成立,若條件成立時執行 i++;,同時也會執行迴圈中第 21 ～ 41 行的指令碼。

21:宣告名為 TodayDate 的變數,其值為取得試算表中第 i+1 行至第 3 欄的儲存格資訊（行程日期）,且將資料轉為字串類型。

22:宣告名為 sendText 的變數,其值為取得試算表中第 i+1 行至第 8 欄的儲存格資訊。

23:建立 if 條件判斷式。判斷 if() 中的兩個條件是否同時滿足,若條件滿足時則執行第 24 ～ 41 行指令。判斷條件說明如下:

(1) now === TodayDate:now 變數值（當下的本地日期）是否等於 TodayDate 變數值（行程日期）。

(2) &&:表示為「and（和）」。

(3) sendText == '':sendText 變數值是否為空資料。

24:宣告名為 rows 的變數,其值為取得 data 變數中的第 [i] 組資料。

25:宣告名為 Title 的變數,其值為取得的 rows 資料中第 0 筆資料（行程主旨）。

26:宣告名為 Content 的變數,其值為取得的 rows 資料中第 1 筆資料（行程說明）。

27：宣告名為 Date 的變數，其值為取得的 rows 資料中第 2 筆資料（行程日期）。

28：宣告名為 Start 的變數，其值為取得的 rows 資料中第 3 筆資料（起始時間），並將時間進行格式化，以「24 時制:分鐘」格式呈現。

29：宣告名為 End 的變數，其值為取得的 rows 資料中第 4 筆資料（結束時間），並將時間進行格式化，以「24 時制:分鐘」格式呈現。

30：宣告名為 Location 的變數，其值為取得的 rows 資料中第 5 筆資料（地點）。

31：宣告名為 Note 的變數，其值為取得的 rows 資料中第 6 筆資料（備註）。

32：在試算表中所取得的行數之第 8 欄儲存格中寫入「已發佈」。

33～39：LineText 變數值為第 24 行至第 31 行所取得之資訊，並利用人較易看的懂之方式安排內容。

40：利用 Logger.log 來列印出 LineText 變數的結果。

41：將 LineText 變數值帶入到 sendToLine() 函式中。（此指令暫時以註解方式呈現）。

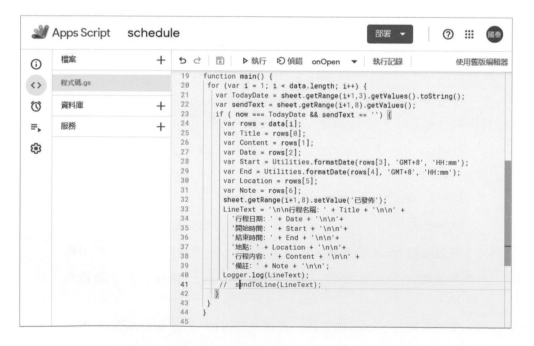

11.3.6 使用 Line Notify API 傳送資料

將傳送過來的 LineText 變數值帶入到 sendToLine() 函式中，以作為發送至 LINE 的內容。撰寫程式碼與解說如下：

```
(46) function sendToLine(LineText){
(47)   var token = lineToken;
(48)   var options =
(49)    {
(50)      "method" : "post",
(51)      "headers" : {"Authorization" : "Bearer "+ token},
(52)      "payload" : "message=" + LineText
(53)    };
(54)    UrlFetchApp.fetch("https://notify-api.line.me/api/notify",
       options);
(55) }
```

◈ 解說

46：制定名為 sendToLine(LineText) 的函式，其 LineText 的內容為第 33 行至第 39 行之結果。

47：宣告名為 token 的變數，其值為 lineToken 變數值（Line Notify 權杖碼）。

48 ～ 53：宣告名為 options 的變數，其值為發送到 LINE 的所需參數內容。

50：請求的方式為 post。

51：「Authorization」（授權），其值為 token 變數值（Line Notify 權杖碼）。

52：所要發送的訊息為 LineText 變數值。

54：向 https://notify-api.line.me/api/notify 發送請求，若成功時會向 LINE Notify 權杖碼的用戶或群組傳送訊息，而傳送的訊息為 options 變數值。

▌ 11.3.7 貼上 LINE Notify 權杖碼

STEP 1 於 LINE Notify 網頁中，點擊「複製」按鈕（11.1 小節所建立的權杖碼）。

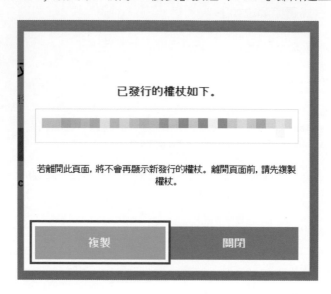

STEP 2 於指令碼中貼上 LINE Notify 權杖碼。

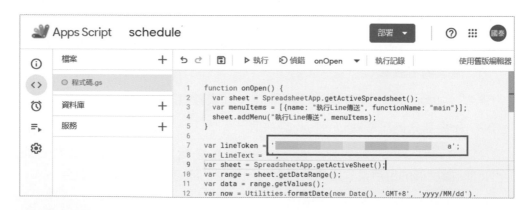

STEP 3 點擊「儲存」（Ctrl + S）。

11.3.8 調整時區

由於新版 IDE 編輯器中的時區預設為美國時區，且未提供相關選項來重新調整時區，此問題會造成本專案在時間判斷上的誤差，故須回到舊版編輯器中修改時區。

STEP 1 在 IDE 編輯器中點擊「使用傳統編輯器」按鈕。

STEP 2 關閉調查表單。

STEP 3 在舊版編輯器中，點擊「檔案 > 專案屬性」。

STEP 4　將時區調整為「(GMT +08:00) 台北」後點擊儲存按鈕。

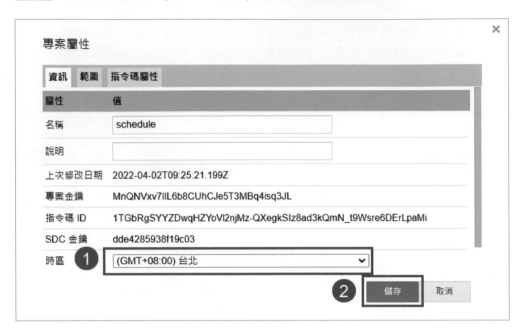

STEP 5　點擊「使用新版編輯器」按鈕，使回到新版 IDE 編輯器。

11.4　執行指令碼

STEP 1　選擇要執行的函式「main」後，再點擊「執行」按鈕。

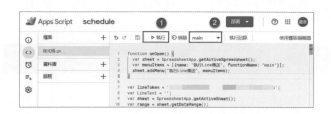

STEP 2 點擊「審查權限」按鈕。當要與其他 Google Apps 進行互動時，都必須取得權限。

STEP 3 點擊審查權限後，會跳出選擇帳戶的視窗，此時點擊您的帳戶。

STEP 4 點擊「進階」選項。

STEP 5 點擊「前往「schedule」(不安全)」選項。

STEP 6 最後,點擊「允許」按鈕。當中也會列出該專案透過 API 可操作的內容與權限。

STEP 7 可於執行記錄面板中查看目前程式所擷取到的訊息結果。

STEP 8 確定抓取結果無誤後，指令碼須修改狀態如下：

(1) Logger.log(LineText);：改為註解狀態。

(2) sendToLine(LineText);：取消註解狀態。

STEP 9 選擇要執行的函式「main」後，再點擊「執行」按鈕。

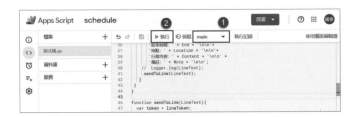

11.5 測試結果與增加貼圖

11.5.1 測試發送結果

STEP 1 由於在 11.4 小節已執行過指令碼，故在 H2 儲存格中已寫入「已發佈」，此時須將該儲存格的文字清空。

STEP 2 點擊「執行 Line 傳送 > 執行 Line 傳送」。

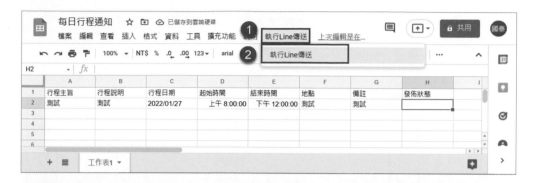

STEP 3 待程式判斷試算表中的行程日期與當天日期有符合的資料時，一方面會將該筆訊息傳送至 LINE 外，也會在該筆資料的發佈狀態欄位中寫入「已發佈」文字作為是否發佈過的提示。

STEP 4 此時，在 LINE 行程通知群組中可收到由 LINE Notify 所發送的行程訊息。

▌ 11.5.2 增加貼圖

在 LINE Notify 的官方 API 中，是允許加入預設的四組 LINE 貼圖。

> ➤ 貼圖列表網址：https://devdocs.line.me/files/sticker_list.pdf

STEP 1 本範例則採用第 1 組貼圖中的第 13 張貼圖，故發送的訊息程式碼修改與解說如下：

```
(46) function sendToLine(LineText){
(47)   var token = lineToken;
(48)   var options =
(49)    {
(50)      "method"  : "post",
(51)      "headers" : {"Authorization" : "Bearer "+ token},
(52)      //"payload" : "message=" + LineText
(53)      "payload": {
(54)              'message': LineText,
(55)              'stickerPackageId':'1',
(56)              'stickerId':'13'
(57)          }
(58)    };
(59)   UrlFetchApp.fetch("https://notify-api.line.me/api/notify",
       options);
(60) }
```

◇ 解說

52：將此行指令改為註解狀態。

54：所要發送的訊息為 LineText 變數值。

55：貼圖類別。

56：貼圖編號。

STEP 2 點擊「儲存」（Ctrl + S）。

STEP 3 將 H2 儲存格中的已發佈文字清空，並點擊「執行 Line 傳送 > 執行 Line 傳送」。

STEP 4 此時，在 LINE 行程通知群組中所收到行程訊息，同時附帶所指定的 LINE 貼圖。

11.6 建立觸發條件

11.6.1 資料排序的時間

STEP 1 點擊左側「觸發條件」按鈕，以開啟觸發條件頁面。

STEP 2 　在觸發條件頁面中，點擊右下角的「新增觸發條件」按鈕。

STEP 3 　在觸發條件面板中，設定條件如下：

(1) 選擇您要執行的功能：sort。

(2) 選取活動來源：時間驅動。

(3) 選取時間型觸發條件類型：日計時。

(4) 選取時段：上午 5 點到 6 點。

11.6.2 行程傳送的時間

STEP 1 在觸發條件頁面中，點擊右下角的「新增觸發條件」按鈕。

STEP 2 在觸發條件面板中，設定條件如下：

(1) 選擇您要執行的功能：main。

(2) 選取活動來源：時間驅動。

(3) 選取時間型觸發條件類型：日計時。

(4) 選取時段：上午 6 點到 7 點。

STEP 3 完成後可於觸發條件列表中查看到剛所設定的兩個條件。

STEP 4 爾後，每日會於上午 5 點至 6 點之間先執行行程的排序；於 6 點至 7 點之間則會執行行程的判斷與發送。

Note

12

LINE Notify
天氣預報

◇ 範例說明

在資訊透明的時代，政府或民間單位為了讓人民可即時掌握一些資訊，而將某些資料以特定形式公開，如空氣品質 AQI、展覽資訊或氣象資訊等。這類的資料常以 CSV、XML、JSON、OLAP、TXT 等格式為主，任何人在其使用規範內均可隨意的自由運用。

當然這類的公開資訊不見得是即時的，不同類型的資料有的是 6 小時更新一次、有的是一天更新一次、有的甚至一季才更新一次。

本範例將使用「天氣預報 - 今明 36 小時天氣預報」資訊，並於每日固定時間將訊息傳至 LINE 作為提醒。

流程上會先將取得的開放性資料從中整理出符合自己需求的內容，在透過自動傳送到 LINE 的方式，使能第一時刻掌握自己所需要的情報。

◇ 範例檔案

➤ 指令碼：ch12-Line Notify 天氣預報 > 指令碼.docx

12.1 取得 LINE Notify 發行權杖

STEP 1 前往「LINE Notify」官網。

➤ 網址：https://notify-bot.line.me/zh_TW/

STEP 2 首頁中間可看到 LINE Notify 的官方帳號。

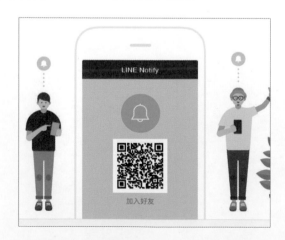

STEP 3 使用手機進入 LINE 軟體並利用行動條碼掃描 PC 螢幕上的 QR-CODE 使將 LINE Notify 機器人加為好友。

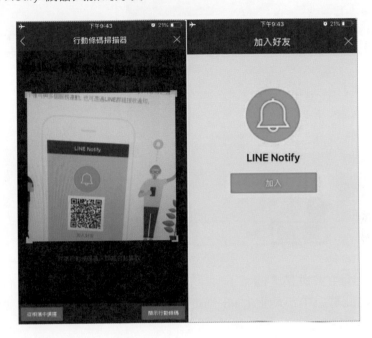

STEP 4 加為好友後,可以進入 LINE Notify 的聊天室,即看到有歡迎與可用服務的兩個訊息。

STEP 5 建立一個 LINE 群組，名為「每日天氣預報」。

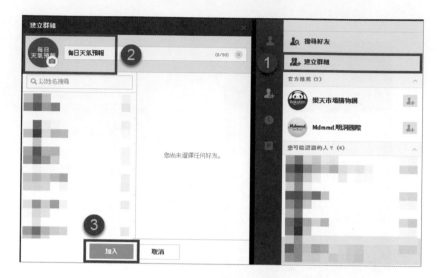

STEP 6 在群組中，邀請「LINE Notify」加入群組（筆者以電腦 LINE 操作為例）。切記在此群組中不能把 LINE Notify 這個機器人刪除，否則就會無法收到訊息。

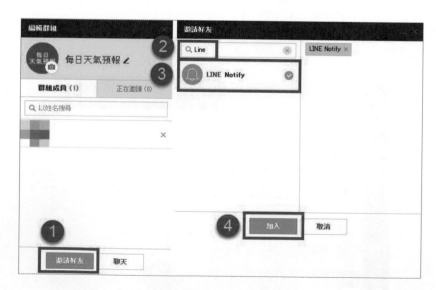

STEP 7 加為好友後不需任何設定，LINE Notify 會自動加入。

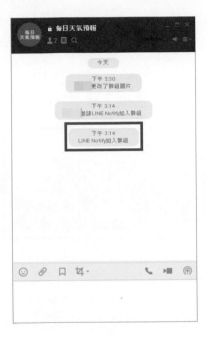

STEP 8 前往「LINE Notify」官網，並點擊右上角的「登入」按鈕。

➤ 網址：https://notify-bot.line.me/zh_TW/

STEP 9 登入與 Step3 建立群組時的同 LINE 軟體的登入帳號與密碼。

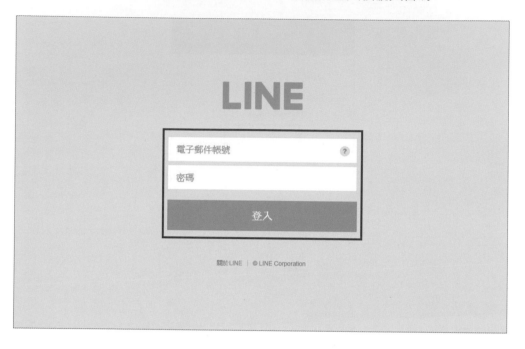

STEP 10 登入後，於右上角可看見自己的 LINE ID，點擊 LINE ID 後並點擊「個人頁面」選項。

STEP 11 於網頁中點擊「發行權杖」按鈕。

STEP 12 發行權杖視窗中所要填寫的資料如下：

(1) 權杖名稱：36hr 天氣預報。

(2) 選擇要接收通知的聊天室：每日天氣預報（LINE 群組名稱）。

STEP 13 設定後，會取得一組權杖碼，此時先不要關閉該視窗，後續於 GAS 程式編寫過程中會利用到此權杖碼。

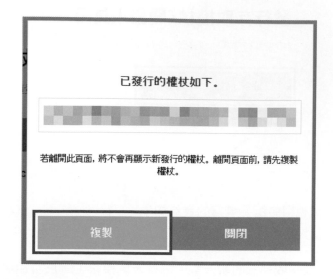

12.2 取得氣象 JSON 檔案網址

STEP 1 前往「氣象資料開放平臺」官網。

➤ 網址：https://opendata.cwb.gov.tw/index

STEP 2 點擊右上角「登入 / 註冊」按鈕。

STEP 3 點擊「氣象會員登入」按鈕。

STEP 4 點擊「加入會員」連結。

氣象會員登入

氣象會員登入

郵件帳號

密碼

我不是機器人
reCAPTCHA
隱私權 - 條款

氣象會員登入

加入會員 | 忘記密碼

其他方式登入

看完「中央氣象局會員申請同意書」規範後，點擊「同意」按鈕。

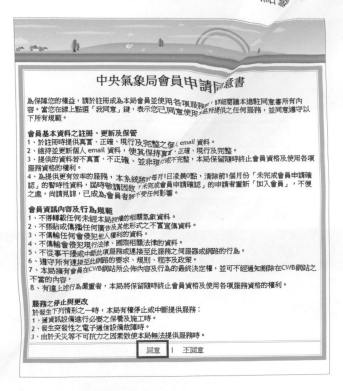

STEP 6 依實際個人資料填寫基本資料表單，最後點擊「送出」按鈕。

STEP 3 點擊「氣象會員登入」按鈕。

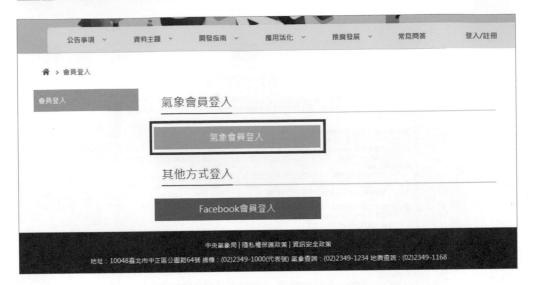

STEP 4 點擊「加入會員」連結。

STEP 5 看完「中央氣象局會員申請同意書」規範後,點擊「同意」按鈕。

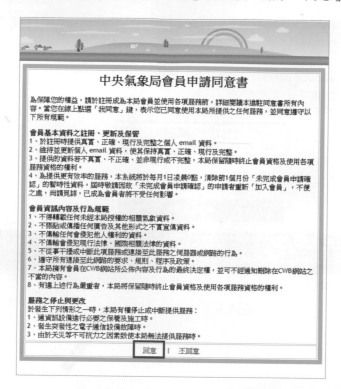

STEP 6 依實際個人資料填寫基本資料表單,最後點擊「送出」按鈕。

STEP 7 填寫完畢後，網頁中會出現個人基本資料，並告知您需要於信箱中收取確認信件。

STEP 8 於信箱中收取中央氣象局會員註冊確認信，於該信件中點擊「成為正式會員」連結，此時會開啟新網頁。

STEP 9 於網頁中輸入密碼後點擊「確認」按鈕。

STEP 10 成功登入後表示您的帳號已正式啟用。

STEP 11 使用於 Step4 步驟中填寫的帳號與密碼進行登入。

STEP 12 登入後，點擊網頁左上角的 LOGO 圖示以快速回到網站的首頁。

STEP 13 在首頁下方，點擊「一般天氣預報 - 今明 36 小時天氣預報」連結。

STEP 14 此時於網頁中可查看到「一般天氣預報 - 今明 36 小時天氣預報」的相關訊息。

STEP 15 點擊「JSON」進行下載。

12.3 建立檔案

STEP 1 在雲端硬碟中，點擊「新增 > 資料夾」。

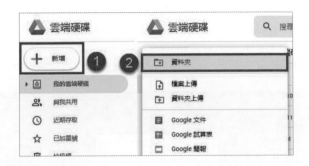

STEP 2 將資料夾命名為「ch12-Line Notify 天氣預報」。

STEP 3 進 入「ch12-Line Notify 天氣預報」資料夾，在空白處點擊「滑鼠右鍵 > 更多 > Google Apps Script」。

12.4 編寫指令碼

12.4.1 文件設定

STEP 1 開啟 Google Apps Script。

STEP 2 在 IDE 編輯器中，將專案名稱修改為「WeatherForecast」。

STEP 3 關閉 IDE 編輯器。

STEP 4 由於新增的 GAS 腳本會直接建立在雲端硬碟根目錄下，非在指定的資料夾中，最後結果雖可達成目的但檔案卻未在同一資料夾中，對於後續維護與管理易造成問題，故在雲端硬碟根目錄中，選擇 WeatherForecast 後，點擊「滑鼠右鍵 > 移至」的方式將此檔案移至到本案例所建立之資料夾中。

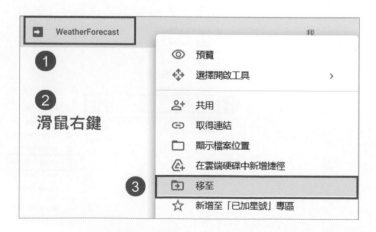

12.4.2 JSON 檔案說明

在開啟撰寫指令碼之前，須先了解氣象 JSON 檔的結構。

STEP 1 利用網頁編輯器開啟 12.2 小節所下載的 JSON 檔。

```
1   {
2     "cwbopendata": {
3       "@xmlns": "urn:cwb:gov:tw:cwbcommon:0.1",
4       "identifier": "3d604ec5-353b-aba6-cec8-26a664fab795",
5       "sender": "weather@cwb.gov.tw",
6       "sent": "2019-08-17T11:30:06+08:00",
7       "status": "Actual",
8       "msgType": "Issue",
9       "source": "MFC",
10      "dataid": "C0032-001",
11      "scope": "Public",
12      "dataset": {
13        "datasetInfo": {
14          "datasetDescription": "三十六小時天氣預報",
15          "issueTime": "2019-08-17T11:00:00+08:00",
16          "update": "2019-08-17T11:30:06+08:00"
17        },
18        "location": [
19          {
20            "locationName": "臺北市",
21            "weatherElement": [
22              {
23                "elementName": "Wx",
24                "time": [
25                  {
26                    "startTime": "2019-08-17T12:00:00+08:00",
27                    "endTime": "2019-08-17T18:00:00+08:00",
28                    "parameter": {
29                      "parameterName": "多雲午後短暫雷陣雨",
30                      "parameterValue": "22"
31                    }
32                  },
33                  {
34                    "startTime": "2019-08-17T18:00:00+08:00",
35                    "endTime": "2019-08-18T06:00:00+08:00",
36                    "parameter": {
37                      "parameterName": "多雲",
38                      "parameterValue": "4"
39                    }
40                  },
41                  {
42                    "startTime": "2019-08-18T06:00:00+08:00",
43                    "endTime": "2019-08-18T18:00:00+08:00",
44                    "parameter": {
45                      "parameterName": "多雲午後短暫雷陣雨",
46                      "parameterValue": "22"
47                    }
48                  }
49
```

STEP 2　當中可查看台灣所有縣市的資料,而本範例以「台南市」作為天氣預報的縣市,故台南市位於 location 陣列中的第 4 組陣列資料,而每組資料中又有另一組的陣列資料,無論資料是如何的包覆,其索引值皆是從 0 開始計算。

```
1    {
2      "cwbopendata": {
3        "@xmlns": "urn:cwb:gov:tw:cwbcommon:0.1",
4        "identifier": "3d604ec5-353b-aba6-cec8-26a664fab795",
5        "sender": "weather@cwb.gov.tw",
6        "sent": "2019-08-17T11:30:06+08:00",
7        "status": "Actual",
8        "msgType": "Issue",
9        "source": "MFC",
10       "dataid": "C0032-001",
11       "scope": "Public",
12       "dataset": {
13         "datasetInfo": {
14           "datasetDescription": "三十六小時天氣預報",
15           "issueTime": "2019-08-17T11:00:00+08:00",
16           "update": "2019-08-17T11:30:06+08:00"
17         },
18         "location": [
19           {
20             "locationName": "臺北市",        0
21             "weatherElement": [
165          },
166          {
167            "locationName": "新北市",        1
168            "weatherElement": [
312          },
313          {
314            "locationName": "桃園市",        2
315            "weatherElement": [
459          },
460          {
461            "locationName": "臺中市",        3
462            "weatherElement": [
606          },
607          {
608            "locationName": "臺南市",        4
609            "weatherElement": [
753          },
754          {
755            "locationName": "高雄市",
756            "weatherElement": [
```

補充說明

JSON 格式的索引值皆從 0 開始計算。

STEP 3 展開台南市的陣列資料，當中包含 Wx（天氣現象）、MaxT（最高溫度）、
MinT（最低溫度）、CI（舒適度）、PoP（降雨機率）等近 36 小時的資訊。

```
606        },
607        {
608          "locationName": "臺南市",
609          "weatherElement": [
610            {
611              "elementName": "Wx",
612              "time": [
613                {
614                  "startTime": "2019-08-17T12:00:00+08:00",
615                  "endTime": "2019-08-17T18:00:00+08:00",
616                  "parameter": {
617                    "parameterName": "陰短暫陣雨或雷雨",
618                    "parameterValue": "18"
619                  }
620                },
621                {
622                  "startTime": "2019-08-17T18:00:00+08:00",
623                  "endTime": "2019-08-18T06:00:00+08:00",
624                  "parameter": {
625                    "parameterName": "陰短暫陣雨或雷雨",
626                    "parameterValue": "18"
627                  }
628                },
629                {
630                  "startTime": "2019-08-18T06:00:00+08:00",
631                  "endTime": "2019-08-18T18:00:00+08:00",
632                  "parameter": {
633                    "parameterName": "多雲時陰短暫陣雨或雷雨",
634                    "parameterValue": "16"
635                  }
636                }
637              ]
638            },
639            {
640              "elementName": "MaxT",
641              "time": [
642                {
643                  "startTime": "2019-08-17T12:00:00+08:00",
644                  "endTime": "2019-08-17T18:00:00+08:00",
645                  "parameter": {
646                    "parameterName": "30",
647                    "parameterUnit": "C"
648                  }
649                },
650                {
651                  "startTime": "2019-08-17T18:00:00+08:00",
652                  "endTime": "2019-08-18T06:00:00+08:00",
653                  "parameter": {
654                    "parameterName": "28",
```

STEP 4 從官網資料中可得知天氣預報檔案於「每 6 小時」更新一次。

資料集	資料預覽	
一般天氣預報-今明36小時天氣預報		
檔案下載	📥JSON 📥XML	
資料集類型	rawData	
資料集描述	臺灣各縣市今明36小時天氣預報預報-今明36小時天氣預報	
主要欄位說明	Wx(天氣現象)、MaxT(最高溫度)、MinT(最低溫度)、CI(舒適度)、PoP(降雨機率)	
資料集提供機關	中央氣象局	
更新頻率	每6小時	
授權方式	政府資料開放授權條款-第1版	
授權說明網址	http://data.gov.tw/license	
計費方式	免費	
編碼格式	UTF-8	
資料集提供機關聯絡人	賴先生	
資料集提供機關聯絡人電話	02-23491217	
備註(說明資料)	📥 說明資料	

> **補充說明**
>
> JSON 檔案每 6 小時更新一次內容，但網址仍然保持不變，故在使用上不需擔心系統也要每 6 小時更新一次 JSON 網址。

▋ 12.4.3 取得發送資料

當了解 JSON 的結構後，在 GAS 專案中必須藉由程式來擷取 JSON 檔案中對於我們是有所用途的資料，以作為要傳送訊息給 LINE 的內容，撰寫程式碼與解說如下：

```
(01)  var lineToken = 'Line Notify 權杖碼';
(02)  function weatherForecast() {
(03)    var response = UrlFetchApp.fetch('氣象 JSON 網址');
(04)    var json=JSON.parse(response.getContentText());
(05)
```

```
(06)    var strBody = json["cwbopendata"]["dataset"]["location"][4]
        ["weatherElement"];
(07)
(08)    var startTime_1 = strBody[0]["time"][0]["startTime"];
(09)    startTime_1 = startTime_1.replace('+08:00', '').replace('T', ' ');
(10)    var endTime_1 = strBody[0]["time"][0]["endTime"];
(11)    endTime_1 = endTime_1.replace('+08:00', '').replace('T', ' ');
(12)    var startTime_2 = strBody[0]["time"][1]["startTime"];
(13)    startTime_2 = startTime_2.replace('+08:00', '').replace('T', ' ');
(14)    var endTime_2 = strBody[0]["time"][1]["endTime"];
(15)    endTime_2 = endTime_2.replace('+08:00', '').replace('T', ' ');
(16)    var startTime_3 = strBody[0]["time"][2]["startTime"];
(17)    startTime_3 = startTime_3.replace('+08:00', '').replace('T', ' ');
(18)    var endTime_3 = strBody[0]["time"][2]["endTime"];
(19)    endTime_3 = endTime_3.replace('+08:00', '').replace('T', ' ');
(20)
(21)    var Wx_1 = strBody[0]["time"][0]["parameter"]["parameterName"];
(22)    var Wx_2 =  strBody[0]["time"][1]["parameter"]["parameterName"];
(23)    var Wx_3 = strBody[0]["time"][2]["parameter"]["parameterName"];
(24)
(25)    var MaxT_1 = strBody[1]["time"][0]["parameter"]
        ["parameterName"]+"C";
(26)    var MaxT_2 =  strBody[1]["time"][1]["parameter"]
        ["parameterName"]+"C";
(27)    var MaxT_3 = strBody[1]["time"][2]["parameter"]
        ["parameterName"]+"C";
(28)
(29)    var MinT_1 = strBody[2]["time"][0]["parameter"]
        ["parameterName"]+"C";
(30)    var MinT_2 =  strBody[2]["time"][1]["parameter"]
        ["parameterName"]+"C";
(31)    var MinT_3 = strBody[2]["time"][2]["parameter"]
        ["parameterName"]+"C";
(32)
(33)    var CI_1 = strBody[3]["time"][0]["parameter"]["parameterName"];
(34)    var CI_2 =  strBody[3]["time"][1]["parameter"]["parameterName"];
(35)    var CI_3 = strBody[3]["time"][2]["parameter"]["parameterName"];
(36)
(37)    var PoP_1 = strBody[4]["time"][0]["parameter"]["parameterName"]+"% ";
(38)    var PoP_2 =  strBody[4]["time"][1]["parameter"]
        ["parameterName"]+"% ";
(39)    var PoP_3 = strBody[4]["time"][2]["parameter"]["parameterName"]+"% ";
(40)
(41)    strBody = "\n\n"+"台南市今明 36 小時天氣預報預報 "+"\n\n"+
(42)      startTime_1 + " 至 " + endTime_1 +"\n"+
(43)      "天氣現象：" + Wx_1+"\n"+
```

```
(44)      "最高溫度：" + MaxT_1+"\n"+
(45)      "最低溫度：" + MinT_1+"\n"+
(46)      "舒適度：" + CI_1+"\n"+
(47)      "降雨機率：" + PoP_1+"\n\n"+
(48)      startTime_2 + " 至 " + endTime_2 +"\n"+
(49)      "天氣現象：" + Wx_2+"\n"+
(50)      "最高溫度：" + MaxT_2+"\n"+
(51)      "最低溫度：" + MinT_2+"\n"+
(52)      "舒適度：" + CI_2+"\n"+
(53)      "降雨機率：" + PoP_2+"\n\n"+
(54)      startTime_3 + " 至 " + endTime_3 +"\n"+
(55)      "天氣現象：" + Wx_3+"\n"+
(56)      "最高溫度：" + MaxT_3+"\n"+
(57)      "最低溫度：" + MinT_3+"\n"+
(58)      "舒適度：" + CI_3+"\n"+
(59)      "降雨機率：" + PoP_3;
(60)   Logger.log(strBody);
(61)   //sendToLine(strBody);
(62) }
```

◇ 解說

01：宣告名為 lineToken 的變數，其值為「Line Notify 權杖碼」。

02：制定名為 weatherForecast() 的函式。

03：宣告名為 response 的變數，其值為向 12.2 小節所取得的氣象 JSON 網址發送請求，並取得其內容。取得網址方式參閱 12.4.5。

04：宣告名為 json 的變數，其值為利用 JSON.parse() 函式將所取得的 JSON 內容字串轉換成 JavaScript 的數值或是物件。

06：宣告名為 strBody 的變數，其值為取得 JSON 檔案中台南市資料的共同路徑。

08 ～ 19：此範圍的指令碼用於取得今明 36 小時天氣預報更新的時間點。

08：宣告名為 startTime_1 的變數，其值為共同路徑內第 0 筆 time 資料內的第 0 筆 startTime 資料，取得路徑為「台南市 > 時間 > 開始時間」。

09：startTime_1 變數所取得的 startTime 變數值為「2019-09-10T18:00:00+08:00」，為了讓人們能更直覺的閱讀此時間，因此利用 replace() 函式來將當中不必要的內容進行替換，第一次將「+08:00」替換成「空內容」；第二次將「T」替換的「一個空白字元」，故最後呈現結果為「2019-09-10 18:00:00」。

在今明 36 小時天氣預報 JSON 檔案中，台南市屬於第 4 組資料，當中又有「Wx」、「MaxT」、「MinT」、「CI」與「PoP」共 5 組資料，每組資料中具有的內容又不一樣。

```
"locationName": "臺南市",
"weatherElement": [
 {
  "elementName": "Wx",      1
  "time": [
 },
 {
  "elementName": "MaxT",    2
  "time": [
 },
 {
  "elementName": "MinT",    3
  "time": [
 },
 {
  "elementName": "CI",      4
  "time": [
 },
 {
  "elementName": "PoP",     5
  "time": [
 }
 ]
},
{
```

在同階層的資料中可能含有數筆資料，此時若要取得同階層中未有子階層的內容時，只須透過該變數名稱來取得該變數的值即可。

```
4 "locationName": "臺南市",
  "weatherElement": [
  {
0  "elementName": "Wx",
   "time": [
0   {
    "startTime": "2019-09-10T18:00:00+08:00",
    "endTime": "2019-09-11T06:00:00+08:00",
    "parameter": {
     "parameterName": "晴時多雲",
     "parameterValue": "2"
    }
   },
1   {
    "startTime": "2019-09-11T06:00:00+08:00",
    "endTime": "2019-09-11T18:00:00+08:00",
    "parameter": {
     "parameterName": "晴時多雲",
     "parameterValue": "2"
    }
   },
2   {
    "startTime": "2019-09-11T18:00:00+08:00",
    "endTime": "2019-09-12T06:00:00+08:00",
    "parameter": {
     "parameterName": "晴時多雲",
     "parameterValue": "2"
    }
   }
   ]
  },
  {
```

補充說明

在今明 36 小時天氣預報 JSON 檔案,每組資料中的「Wx」、「MaxT」、「MinT」、「CI」與「PoP」資料底下皆有「startTime」與「endTime」兩變數,且結果均相同,故只須取得其中一組時間資料即可。

10:宣告名為 endTime_1 的變數,其值為共同路徑內第 0 筆 time 資料內的第 0 筆 endTime 資料,取得路徑為「台南市 > 時間 > 結束時間」。

11:在 endTime_1 變數中利用 replace() 函式將不必要的內容進行替換,使其呈現結果有利於閱讀。

12:宣告名為 startTime_2 的變數,其值為共同路徑內第 0 筆 time 資料內的第 1 筆 startTime 資料。

13:在 startTime_2 變數中利用 replace() 函式將不必要的內容進行替換,使其呈現結果有利於閱讀。

14:宣告名為 endTime_2 的變數,其值為共同路徑內第 0 筆 time 資料內的第 1 筆 endTime 資料。

15:在 endTime_2 變數中利用 replace() 函式將不必要的內容進行替換,使其呈現結果有利於閱讀。

16:宣告名為 startTime_3 的變數,其值為共同路徑內第 0 筆 time 資料內的第 2 筆 startTime 資料。

17:在 startTime_3 變數中利用 replace() 函式將不必要的內容進行替換,使其呈現結果有利於閱讀。

18:宣告名為 endTime_3 的變數,其值為共同路徑內第 0 筆 time 資料內的第 2 筆 endTime 資料。

19:在 endTime_3 變數中利用 replace() 函式將不必要的內容進行替換,使其呈現結果有利於閱讀。

21〜23:此範圍的指令碼用於取得今明 36 小時天氣預報的 Wx(天氣現象)。

21:宣告名為 Wx_1 的變數,其值為共同路徑內第 0 筆 time 資料內的第 0 筆 parameter 資料中的 parameterName 變數值。

22:宣告名為 Wx_2 的變數,其值為共同路徑內第 0 筆 time 資料內的第 1 筆 parameter 資料中的 parameterName 變數值。

23：宣告名為 Wx_3 的變數，其值為共同路徑內第 0 筆 time 資料內的第 2 筆 parameter 資料中的 parameterName 變數值。

25 ～ 27：此範圍的指令碼用於取得今明 36 小時天氣預報的 MaxT（最高溫度）。

25：宣告名為 MaxT_1 的變數，其值為共同路徑內第 1 筆 time 資料內的第 0 筆 parameter 資料中的 parameterName 變數值，並於取得結果之後加上英文大寫「"C"」字串，使在閱讀上可直接知道此資料為溫度。

26：宣告名為 MaxT_2 的變數，其值為共同路徑內第 1 筆 time 資料內的第 1 筆 parameter 資料中的 parameterName 變數值，並於取得結果之後加上英文大寫「"C"」字串，使在閱讀上可直接知道此資料為溫度。

27：宣告名為 MaxT_3 的變數，其值為共同路徑內第 1 筆 time 資料內的第 2 筆 parameter 資料中的 parameterName 變數值，並於取得結果之後加上英文大寫「"C"」字串，使在閱讀上可直接知道此資料為溫度。

29 ～ 31：此範圍的指令碼用於取得今明 36 小時天氣預報的 MinT（最低溫度）。

29：宣告名為 MinT_1 的變數，其值為共同路徑內第 2 筆 time 資料內的第 0 筆 parameter 資料中的 parameterName 變數值，並於取得結果之後加上英文大寫「"C"」字串，使在閱讀上可直接知道此資料為溫度。

30：宣告名為 MinT_2 的變數，其值為共同路徑內第 2 筆 time 資料內的第 1 筆 parameter 資料中的 parameterName 變數值，並於取得結果之後加上英文大寫「"C"」字串，使在閱讀上可直接知道此資料為溫度。

31：宣告名為 MinT_3 的變數，其值為共同路徑內第 2 筆 time 資料內的第 2 筆 parameter 資料中的 parameterName 變數值，並於取得結果之後加上英文大寫「"C"」字串，使在閱讀上可直接知道此資料為溫度。

33 ～ 35：此範圍的指令碼用於取得今明 36 小時天氣預報的 CI（舒適度）。

33：宣告名為 CI_1 的變數，其值為共同路徑內第 3 筆 time 資料內的第 0 筆 parameter 資料中的 parameterName 變數值。

34：宣告名為 CI_2 的變數，其值為共同路徑內第 3 筆 time 資料內的第 1 筆 parameter 資料中的 parameterName 變數值。

35：宣告名為 Cl_3 的變數，其值為共同路徑內第 3 筆 time 資料內的第 2 筆 parameter 資料中的 parameterName 變數值。

37 ～ 39：此範圍的指令碼用於取得今明 36 小時天氣預報的 PoP（降雨機率）。

37：宣告名為 PoP_1 的變數，其值為共同路徑內第 4 筆 time 資料內的第 0 筆 parameter 資料中的 parameterName 變數值，並於取得結果之後加上全形的「"%"」字串，使在閱讀上可直接知道此資料為百分比。

38：宣告名為 PoP_2 的變數，其值為共同路徑內第 4 筆 time 資料內的第 1 筆 parameter 資料中的 parameterName 變數值，並於取得結果之後加上全形的「"%"」字串，使在閱讀上可直接知道此資料為百分比。

39：宣告名為 PoP_3 的變數，其值為共同路徑內第 4 筆 time 資料內的第 2 筆 parameter 資料中的 parameterName 變數值，並於取得結果之後加上全形的「"%"」字串，使在閱讀上可直接知道此資料為百分比。

41 ～ 62：strBody 變數值為第 3 行至第 39 行所取得之資訊，並利用人較易看的懂之方式安排內容。

60：利用 Logger.log 來列印出 strBody 變數的結果。

61：將 LineText 變數值帶入到 sendToLine() 函式中（此指令暫時以註解方式呈現）。

Apps Script　WeatherForecast　　　　　　部署 ▼　　 &+ ⑦ ⠿ 國泰

檔案　　　　　　　　 ＋　　　 ↶ ↷ | 🖫 | ▷ 執行 ⋄ 偵錯　weatherForecast ▼ | 執行記錄　　　　使用舊版編輯

程式碼.gs

資料庫　　　　　　　 ＋

服務　　　　　　　　 ＋

```
1    var lineToken = 'Line Notify 權杖碼';
2    function weatherForecast() {
3        var response = UrlFetchApp.fetch('氣象JSON 網址');
4        var json=JSON.parse(response.getContentText());
5
6        var strBody = json["cwbopendata"]["dataset"]["location"][4]["weatherElement"];
7
8        var startTime_1 = strBody[0]["time"][0]["startTime"];
9        startTime_1 = startTime_1.replace('+08:00', '').replace('T', ' ');
10       var endTime_1 = strBody[0]["time"][0]["endTime"];
11       endTime_1 = endTime_1.replace('+08:00', '').replace('T', ' ');
12       var startTime_2 = strBody[0]["time"][1]["startTime"];
13       startTime_2 = startTime_2.replace('+08:00', '').replace('T', ' ');
14       var endTime_2 = strBody[0]["time"][1]["endTime"];
15       endTime_2 = endTime_2.replace('+08:00', '').replace('T', ' ');
16       var startTime_3 = strBody[0]["time"][2]["startTime"];
17       startTime_3 = startTime_3.replace('+08:00', '').replace('T', ' ');
18       var endTime_3 = strBody[0]["time"][2]["endTime"];
19       endTime_3 = endTime_3.replace('+08:00', '').replace('T', ' ');
20
21       var Wx_1 = strBody[0]["time"][0]["parameter"]["parameterName"];
22       var Wx_2 =  strBody[0]["time"][1]["parameter"]["parameterName"];
23       var Wx_3 = strBody[0]["time"][2]["parameter"]["parameterName"];
24
25       var MaxT_1 = strBody[1]["time"][0]["parameter"]["parameterName"]+"C";
26       var MaxT_2 =  strBody[1]["time"][1]["parameter"]["parameterName"]+"C";
27       var MaxT_3 = strBody[1]["time"][2]["parameter"]["parameterName"]+"C";
28
29       var MinT_1 = strBody[2]["time"][0]["parameter"]["parameterName"]+"C";
30       var MinT_2 =  strBody[2]["time"][1]["parameter"]["parameterName"]+"C";
31       var MinT_3 = strBody[2]["time"][2]["parameter"]["parameterName"]+"C";
32
33       var CI_1 = strBody[3]["time"][0]["parameter"]["parameterName"];
34       var CI_2 =  strBody[3]["time"][1]["parameter"]["parameterName"];
35       var CI_3 = strBody[3]["time"][2]["parameter"]["parameterName"];
36
37       var PoP_1 = strBody[4]["time"][0]["parameter"]["parameterName"]+"%";
38       var PoP_2 =  strBody[4]["time"][1]["parameter"]["parameterName"]+"%";
39       var PoP_3 = strBody[4]["time"][2]["parameter"]["parameterName"]+"%";
40
41       strBody = "\n\n"+"台南市今明36小時天氣預報預報"+"\n\n"+
42         startTime_1 + " 至 " + endTime_1 +"\n"+
43         "天氣現象: " + Wx_1+"\n"+
44         "最高溫度: " + MaxT_1+"\n"+
45         "最低溫度: " + MinT_1+"\n"+
46         "舒適度: " + CI_1+"\n"+
47         "降雨機率: " + PoP_1+"\n\n"+
48         startTime_2 + " 至 " + endTime_2 +"\n"+
49         "天氣現象: " + Wx_2+"\n"+
50         "最高溫度: " + MaxT_2+"\n"+
51         "最低溫度: " + MinT_2+"\n"+
52         "舒適度: " + CI_2+"\n"+
53         "降雨機率: " + PoP_2+"\n\n"+
54         startTime_3 + " 至 " + endTime_3 +"\n"+
55         "天氣現象: " + Wx_3+"\n"+
56         "最高溫度: " + MaxT_3+"\n"+
57         "最低溫度: " + MinT_3+"\n"+
58         "舒適度: " + CI_3+"\n"+
59         "降雨機率: " + PoP_3;
60       Logger.log(strBody);
61       // sendToLine(strBody);
62    }
63
```

12.4.4 使用 Line Notify API 傳送資料

將傳送過來的 LineText 變數值帶入到 sendToLine() 函式中，以作為發送至 LINE 的內容。撰寫程式碼與解說如下：

```
(64)  function sendToLine(strBody){
(65)    var token = lineToken;
(66)    var options =
(67)    {
(68)      "method" : "post",
(69)      "payload" : "message=" + text,
(70)      "headers" : {"Authorization" : "Bearer "+ token}
(71)    };
(72)    UrlFetchApp.fetch("https://notify-api.line.me/api/notify",
        options);
(73)  }
```

◇ 解說

64：制定名為 sendToLine(LineText) 的函式，其 LineText 的內容為第 41 行至第 59 行之結果。

65：宣告名為 token 的變數，其值為 lineToken 變數值（Line Notify 權杖碼）。

66 ～ 71：宣告名為 options 的變數，其值為發送到 LINE 的所需參數內容。

68：請求的方式為 post。

69：「Authorization」（授權），其值為 token 變數值（Line Notify 權杖碼）。

70：所要發送的訊息為 LineText 變數值。

72：向 https://notify-api.line.me/api/notify 發送請求，若成功時會向 LINE Notify 權杖碼的用戶或群組傳送訊息，而傳送的訊息為 options 變數值。

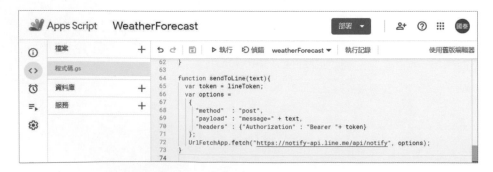

12.4.5 貼上氣象 JSON 檔

STEP 1　在 JSON 文字上點擊「滑鼠右鍵 > 複製連結網址」。

STEP 2　於指令碼中貼上氣象 JSON 網址。

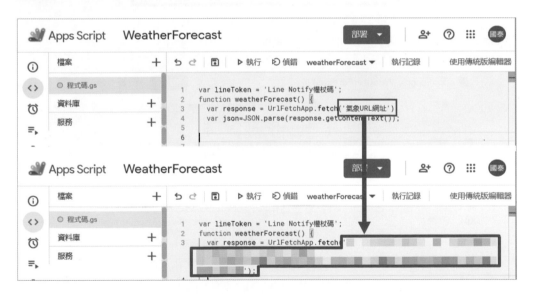

12.4.6 貼上 LINE Notify 權杖碼

STEP 1 於 LINE Notify 網頁中，點擊「複製」按鈕（12.2 小節所建立的權杖碼）。

STEP 2 於指令碼中貼上 LINE Notify 權杖碼。

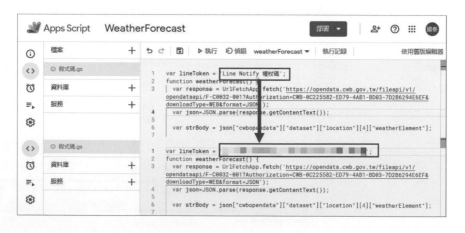

STEP 3 點擊「儲存」（Ctrl + S）。

12.5 執行指令碼

STEP 1 選擇要執行的函式「WeatherForecast」後，再點擊「執行」按鈕。

STEP 2 點擊「審查權限」按鈕。當要與其他 Google Apps 進行互動時，都必須取得權限。

STEP 3 點擊審查權限後，會跳出選擇帳戶的視窗，此時點擊您的帳戶。

STEP 4 點擊「進階」選項。

STEP 5 　點擊「前往「WeatherForecast」（不安全）」選項。

STEP 6 　最後，點擊「允許」按鈕。當中也會列出該專案透過 API 可操作的內容與權限。

STEP 7 透過執行記錄面板可查看目前程式所擷取到的訊息結果。

STEP 8 確定抓取結果無誤後,指令碼須修改狀態如下:

(1) Logger.log(strBody);:改為註解狀態。

(2) sendToLine(strBody);:取消註解狀態。

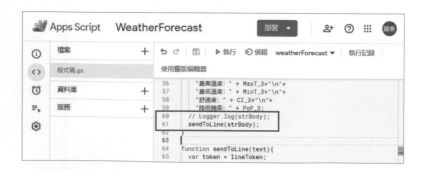

STEP 9 選擇要執行的函式「WeatherForecast」後,再點擊「執行」按鈕。

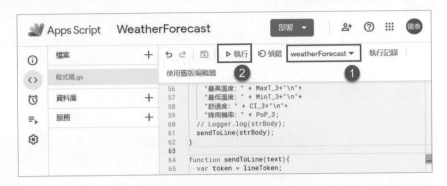

STEP 10 此時,在 LINE 每日天氣預報群組中可收到由 LINE Notify 所發送的未來 36 小時之天氣訊息。

12.6 建立觸發條件

由於氣象 JSON 會每 6 小時更新一次，加上希望在早上上班前可先得知氣象，故挑選早上 6 點至 7 點與下午 6 點至 7 點兩個時段進行訊息傳送。

STEP 1 點擊左側「觸發條件」按鈕，以開啟觸發條件頁面。

STEP 2 在觸發條件頁面中，點擊右下角的「新增觸發條件」按鈕。

STEP 3 在觸發條件面板中，設定條件如下：

➤ 選取活動來源：時間驅動。

➤ 選取時間型觸發條件類型：日計時器。

➤ 選取時段：上午 6 點到 7 點。

STEP 4 再次於觸發條件頁面中，點擊右下角的「新增觸發條件」按鈕。

STEP 5 在觸發條件面板中，設定條件如下：

➤ 選取活動來源：時間驅動。

➤ 選取時間型觸發條件類型：日計時器。

➤ 選取時段：下午 6 點到 7 點。

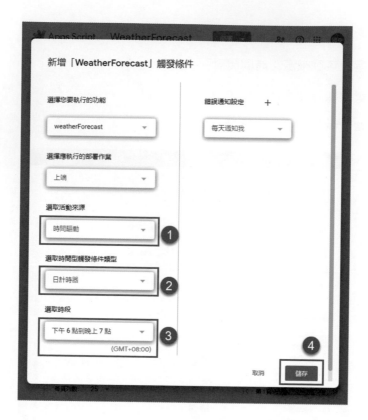

STEP 6 完成後可於觸發條件列表中查看到剛所設定的兩個條件。

13

會議室借用
與查詢系統

◈ 範例說明

我們常用 Google 表單供他人填寫以取得有用的訊息,但填寫表單的人卻未必能即時得知結果,例如使用 Google 表單借用場地時,借用者無法立即得知是否借用成功或該時段已有他人借用,必須等待製表人的回覆才可得知。故此範例主要是在填寫表單後,將 Google 試算表中的資料呈現在網頁中,供借用者在填寫借用表單前可先查詢會議室的申請狀況。

想要將 Google 試算表中的資訊傳送到網頁,並不是非得要透過 Google 表單建立資料。也可直接依據系統需求在 Google 試算表中建立資料,再透過程式讀取內容後呈現於網頁中,爾後就能直接在 Google 試算表中新增、修改與刪除。

◈ 範例延伸

➤ 客戶電話表。

➤ 每日工作事項。

➤ 自家各種商品的庫存數量。

◈ 範例檔案

➤ 指令碼:ch13-會議室借用與查詢系統 > 指令碼.docx

13.1 表單建立

STEP 1 在雲端硬碟中,點擊「新增 > 資料夾」。

STEP 2 將資料夾命名為「ch13-會議室借用與查詢」。

STEP 3 進入「ch13- 會議室借用與查詢」資料夾，在空白處點擊「滑鼠右鍵 > 更多 > Google表單」。

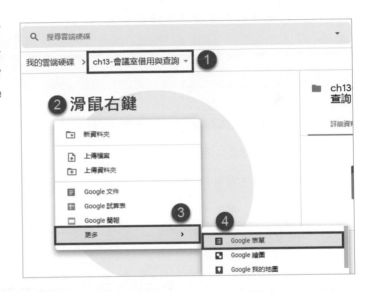

STEP 4 將 Google 表單的名稱改為「會議室借用」。

STEP 5 將預設的問題進行修改，設定如下：

(1) 問答類型：簡答。

(2) 問題主旨：申請部門。

(3) 必填：是。

(4) 新增問題。

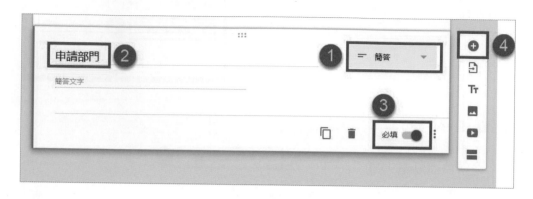

STEP 6 第二個問題進行修改，其設定如下：

(1) 問答類型：簡答。

(2) 問題主旨：申請人。

(3) 必填：是。

(4) 新增問題。

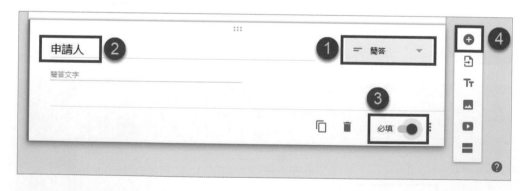

STEP 7 第三個問題進行修改，其設定如下：

(1) 問答類型：下拉式選單。

(2) 問題主旨：會議室名稱。

(3) 選單內容：

1、A101。

2、A102。

3、A103。

(4) 必填：是。

(5) 新增問題。

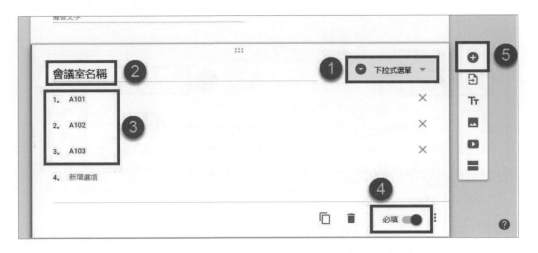

STEP 8　第四個問題進行修改，其設定如下：

(1) 問答類型：日期。

(2) 問題主旨：借用日期。

(3) 必填：是。

(4) 新增問題。

STEP 9 第五個問題進行修改，其設定如下：

(1) 問答類型：時間。

(2) 問題主旨：借用時間（起）。

(3) 必填：是。

(4) 新增問題。

STEP 10 第六個問題進行修改，其設定如下：

(1) 問答類型：時間。

(2) 問題主旨：借用時間（迄）。

(3) 必填：是。

(4) 新增問題。

STEP 11　第七個問題進行修改，其設定如下：

(1) 問答類型：簡答。

(2) 問題主旨：申請事由。

(3) 必填：是。

(4) 新增問題。

STEP 12　點擊「預覽」按鈕來瀏覽所設計的問卷。

STEP 13　此時，依據表單問題進行填寫，以建立一筆資料。

STEP 14　填寫完畢後，於 Google 表單的編輯頁面，可看見已有一筆資料的回覆。

STEP 15 切換至回覆的頁面，點擊「Google Sheet」按鈕，使將回覆的資料建立成試算表。

STEP 16 在建立試算表的視窗中，選取「建立新試算表」並將試算表名稱修改為「會議室借用」。

STEP 17 對「會議室借用」試算表進行相關修改，修改項目如下：

(1) 工作表名稱修改為「list」。

(2) 最後一欄中手動新增「狀態」。

13.2 編寫指令碼

13.2.1 文件設定

STEP 1 在「會議室借用」試算表中，點擊「檔案 > 設定」。

STEP 2 在設定視窗中，將時區修改為「GMT +08:00 Taipei」，並儲存設定。

STEP 3 點擊「擴充功能 > Apps Script」，以開啟 IDE 編輯器。

STEP 4 在 IDE 編輯器中，將專案名稱修改為「MeetingRoom」。

■ 13.2.2 共用變數

將專案中會重復使用的變數設置在函式外，使成為共用型態，撰寫程式碼與解說如下：

```
(01)  var sheet= SpreadsheetApp.getActiveSpreadsheet();
(02)  var ss = sheet.getSheetByName("list");
(03)  var range = ss.getRange(2,1, ss.getLastRow()-1, ss.getLastColumn());
```

◇ 解說

01：宣告名為 sheet 的變數，其值為與試算表取得連接。

02：宣告名為 ss 的變數，其值為與試算表中的「list」工作表連接。

03：宣告名為 range 的變數，其值為取得工作表中 A2 之後的儲存格。

13.2.3 每筆資料狀態

申請借用的時間總會有過期的時候，若將 Google 試算表中的每筆資料都傳至前端網頁，在由前端網頁判斷借用時間是否過期，過期的資料則不顯示，雖然此流程並無明顯的對與錯，但是當資料量較大時則會拉長前端網頁處理資料的時間，因此在 GAS 專案中可先針對每筆資料的借用日期進行判斷，若超過當天日期的資料則不會納入回傳至前端的資料中，藉此減少前端網頁處理資料的時間，撰寫程式碼與解說如下：

```
(05)   function Status(){
(06)     var rows = range.getValues();
(07)     for (var i = 2, j = rows.length +1; i <= j; i++){
(08)       var Status = sheet.getRange(i, 9);
(09)       Status.setFormula("=IF(E"+ i +" < TODAY(),true,false)");
(10)     }
(11)     sort();
(12)   }
```

◇ 解說

05：制定名為 Status() 的函式。

06：宣告名為 rows 的變數，其值為取得 list 工作表中 A2 至最後一筆所有儲存格的資料（標題第一行除外）。

07 ～ 10：建立 for 迴圈，設定重點如下：

(1) 宣告名為 i 的變數，且變數起始值為 2。

(2) 宣告名為 j 的變數，且變數最後一筆值為 rows.length +1（資料的長度）。

(3) 判斷 i 值小於並等於 j 值的條件是否成立，若條件成立時執行 i++;，同時也會執行迴圈中第 8 ～ 9 行的指令碼。

08：宣告名為 Status 的變數，其值為取得 list 工作表中每行的第 9 個儲存格。

09：執行 Status 變數，在該儲存格中寫入時間判斷的函式，如果該行的 E 欄（借用日期）小於當天日期時，會寫入 true；反之寫入 false。

11：執行 sort() 函式，已進行資料排序。（sort() 函式於 13.2.6 小節中會說明）

13.2.4 doPost()

此範例會由外部網頁發送 POST 訊號來訪問 GAS，以取得 Google 試算表中的資料，故在 GAS 中須藉由 doPost(e) 來接收該請求並執行相關指令，再將 Google 試算表的資訊回傳至網頁端，撰寫程式碼與解說如下：

```
(14)   function doPost(e){
(15)     return getUsers(ss);
(16)   }
```

◇ 解說

14：制定名為 doPost (e) 的函式。

15：回傳資料。執行 getUsers() 函式並帶入 ss 變數值。

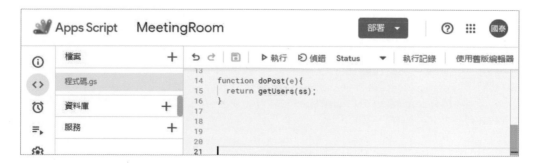

▌ 13.2.5 取得資料並轉換格式

在第 14 ～ 16 行的指令碼中已透過 doPost(e) 來接收請求，同時也將 list 工作表傳給 getUsers() 函式，故在此建立 getUsers() 函式來處理要取得的 Google試算表資料，撰寫程式碼與解說如下：

```
(18)   function getUsers(ss){
(19)     Status();
(20)     var jo = {};
(21)     var dataArray = [];
(22)     var rows = range.getValues();
(23)     for(var i = 0, j= rows.length; i<j ; i++){
(24)       var dataRow = rows[i];
(25)       var record = {};
(26)       var status = dataRow[8];
(27)       if(status == false){
(28)           record['FillTime'] = Utilities.formatDate(dataRow[0],
               'GMT+8', 'yyyy/MM/dd\' \'HH:mm');
(29)           record['Department'] = dataRow[1];
(30)           record['Applicant'] = dataRow[2];
(31)           record['RoomName'] = dataRow[3];
(32)           record['BorrowDate'] = Utilities.formatDate(dataRow[4],
               'GMT+8', 'yyyy/MM/dd');
(33)           record['StartTime'] = Utilities.formatDate(dataRow[5],
               'GMT+8', 'HH:mm');
(34)           record['EndTime'] = Utilities.formatDate(dataRow[6],
               'GMT+8', 'HH:mm');
(35)           record['Reason'] = dataRow[7];
(36)           dataArray.push(record);
(37)       }
(38)     }
(39)     jo.data= dataArray;
(40)     var result = JSON.stringify(jo);
(41)     Logger.log(result);
(42)     return ContentService.createTextOutput(result).setMimeType
         (ContentService.MimeType.JSON);
(43)   }
```

◇ 解說

18：制定名為 getUsers (ss) 的函式，其 ss 之值為 doPost() 函式中回傳的結果。

19：執行 Status() 函式來驗證資料是否過期。

20：宣告名為 jo 的變數，其值作為 JSON 格式且為空資料。

21：宣告名為 dataArray 的變數，其值為空陣列。

22：宣告名為 rows 的變數，其值為取得 list 工作表中所有儲存格的資料。

23 ～ 38：建立 for 迴圈，設定重點如下：

    (1) 宣告名為 i 的變數，且變數起始值為 0。

    (2) 宣告名為 j 的變數，且變數起始值為 rows.length（資料的長度）。

    (3) 判斷 i 值小於 j 值的條件是否成立，若條件成立時執行 i++;，同時也會執行迴圈中第 24 ～ 37 行的指令碼。

24：宣告名為 dataRow 的變數，其值為取得 row 變數中每行資料的第 i 值。

25：宣告名為 record 的變數，其值作為 JSON 格式且為空資料。

26：宣告名為 status 的變數，其值為 dataRow 變數中的第 8 個值資料（狀態）。

27 ～ 37：建立 if 條件判斷式。判斷 if() 中的 status == false 條件是否滿足，若條件滿足時則執行第 28 ～ 36 行指令。

28：執行 record 變數，記錄「FillTime」之值為每行資料的第 0 筆資料（時間戳記），並將該日期進行格式化，以「年 / 月 / 天 時 : 分」格式呈現。

29：執行 record 變數，記錄「Department」之值為每行資料的第 1 筆資料（申請部門）。

30：執行 record 變數，記錄「Applicant」之值為每行資料的第 2 筆資料（申請人）。

31：執行 record 變數，記錄「RoomName」之值為每行資料的第 3 筆資料（會議室名稱）。

32：執行 record 變數，記錄「BorrowDate」之值為每行資料的第 4 筆資料（借用日期），並將該日期進行格式化，以「年 / 月 / 天」格式呈現。

33：執行 record 變數，記錄「StartTime」之值為每行資料的第 5 筆資料（借用時間（起）），並將該日期進行格式化，以「時：分」格式呈現。

34：執行 record 變數，記錄「EndTime」之值為每行資料的第 6 筆資料（借用時間（迄）），並將該日期進行格式化，以「時：分」格式呈現。

35：執行 record 變數，記錄「RoomName」之值為每行資料的第 7 筆資料（申請事由）。

36：執行 dataArray 變數，將取得的每筆 record 之值寫入 dataArray 變數中（陣列）。

39：執行 jo 變數並將所有資料以 data 為名，其內容為 dataArray 變數值。

40：宣告名為 result 的變數，其值為將 jo 變數內容轉換成字串格式。

41：利用 Logger.log(result) 來查看 result 的值，使了解所擷取的每筆內容。

43：回傳資料。將 result 之值輸出同時也將資料轉為 JSON 格式。

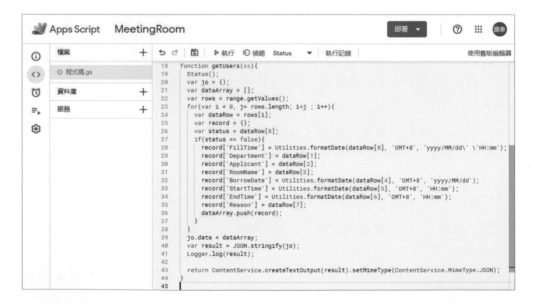

```javascript
18  function getUsers(ss){
19    Status();
20    var jo = {};
21    var dataArray = [];
22    var rows = range.getValues();
23    for(var i = 0, j = rows.length; i<j ; i++){
24      var dataRow = rows[i];
25      var record = {};
26      var status = dataRow[8];
27      if(status == false){
28        record['FillTime'] = Utilities.formatDate(dataRow[0], 'GMT+8', 'yyyy/MM/dd\ \'HH:mm');
29        record['Department'] = dataRow[1];
30        record['Applicant'] = dataRow[2];
31        record['RoomName'] = dataRow[3];
32        record['BorrowDate'] = Utilities.formatDate(dataRow[4], 'GMT+8', 'yyyy/MM/dd');
33        record['StartTime'] = Utilities.formatDate(dataRow[5], 'GMT+8', 'HH:mm');
34        record['EndTime'] = Utilities.formatDate(dataRow[6], 'GMT+8', 'HH:mm');
35        record['Reason'] = dataRow[7];
36        dataArray.push(record);
37      }
38    }
39    jo.data = dataArray;
40    var result = JSON.stringify(jo);
41    Logger.log(result);
42
43    return ContentService.createTextOutput(result).setMimeType(ContentService.MimeType.JSON);
44  }
45
```

13.2.6 資料排序

由於可隨時填寫表單進行預借，使得資料的排序是依照填表日期時間來排序。為了讓申請者容易理解借用的日期與時間，因此必須修改資料的排序規則，撰寫程式碼與解說如下：

```
(46)  function sort(){
(47)    range.sort([{column: 5, ascending: true}, {column: 6, ascending:
        true}]);
(48)  }
```

◇ 解說

46：制定名為 sort () 的函式。

47：將所取得的儲存格透過 sort() 函式進行排序，排序規則如下：

(1) 第一優先：借用日期，升冪（由小到大）。

(2) 第二優先：借用時間，升冪（由小到大）。

13.3 執行指令碼

STEP 1 點擊「儲存」（Ctrl + S）。

STEP 2 選擇要執行的 函式「doPost」後，再點擊「執行」按鈕。

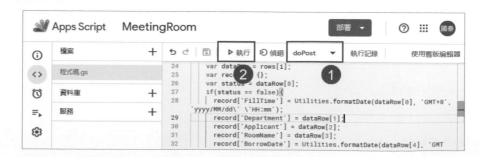

STEP 3 點擊「審查權限」按鈕。當要與其他 Google Apps 進行互動時,都必須取得權限。

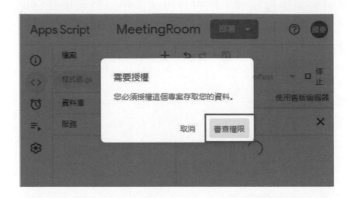

STEP 4 點擊審查權限後,會跳出選擇帳戶的視窗,此時點擊您的帳戶。

STEP 5 點擊「進階」選項。

STEP 6 點擊「前往「MeetingRoom」（不安全）」選項。

STEP 7 最後，點擊「允許」按鈕。當中也會列出該專案透過 API 可操作的內容與權限。

STEP 8 透過執行記錄面板可查看目前程式所抓取的結果。

STEP 9 與當天日期相比，若借用日期為過期時，其狀態欄位中會是「TRUE」；反之會是「FALSE」。

13.4 建立觸發條件

STEP 1 點擊左側「觸發條件」按鈕，以開啟觸發條件頁面。

STEP 2 在觸發條件頁面中，點擊右下角的「新增觸發條件」按鈕。

STEP 3 在觸發條件面板中，設定條件如下：

➤ 選擇您要執行的功能：doPost。

➤ 選取活動來源：提交表單時。

STEP 4 完成後可於觸發條件列表中查看到剛所設定的條件。

13.5 部署為應用程式

STEP 1 在 IDE 編輯器,點擊「部署 > 新增部署作業」。

STEP 2 點擊「啟用部署作業類型 > 網頁應用程式」。

STEP 3 在設定面板中,將誰可以存取欄位,調整為「所有人」後點擊「部署」按鈕。

STEP 4 部署成功後，可於視窗中獲得網路應用程式網址，後續於網頁的建置中會使用到此網址。

13.6 建立網頁

13.6.1 HTML 建置

使用網頁編輯軟體建立 index.html 檔案。同時套用 Bootstrap 4 前端框架來滿足 HTML 內容所需要的樣式，撰寫程式碼與解說如下：

➤ 檔案來源：ch13-會議室借用與查詢系統 > index.html

```
(01) <!DOCTYPE html>
(02) <html lang="en">
(03) <head>
(04)   <meta charset="UTF-8">
(05)   <meta name="viewport" content="width=device-width, initial-
       scale=1.0">
(06)   <meta http-equiv="X-UA-Compatible" content="ie=edge">
(07)   <title>會議室借用</title>
(08)   <link rel="stylesheet" href="https://stackpath.bootstrapcdn.
       com/bootstrap/4.3.1/css/bootstrap.min.css" integrity="sha384-
       ggOyR0iXCbMQv3Xipma34MD+dH/1fQ784/j6cY/iJTQUOhcWr7x9JvoRxT2MZw1T"
       crossorigin="anonymous">
(09)   <link rel="stylesheet" href="css/style.css">
(10) </head>
(11) <body>
(12)   <div id="wrap">
(13)     <div class="container-fluid">
(14)       <div class="row">
(15)         <div class="col-8">
(16)           <h1>教室借用系統</h1>
(17)         </div>
(18)         <div class="col-4">
(19)           <a href="申請借用Google表單網址" class="btn btn-danger
              float-right" target="_blank">申請借用</a>
(20)         </div>
(21)         <div class="col-12 mb-3">
(22)           <div>
(23)             <label>會議室搜尋</label>
(24)             <select>
(25)               <option value="" checked>All</option>
(26)               <option value="A101">A101</option>
(27)               <option value="A102">A102</option>
(28)               <option value="A103">A103</option>
```

```
(29)                       </select>
(30)                       <input type="submit" id="doaction" class="btn btn-
                           primary ml-3" value=" 查詢 ">
(31)                   </div>
(32)               </div>
(33)               <div class="col-12">
(34)                   <div class="table-responsive-md">
(35)                       <table class="table table-hover mb-0">
(36)                           <thead>
(37)                               <tr>
(38)                                   <th scope="col"> 申請日期 </th>
(39)                                   <th scope="col"> 申請部門 </th>
(40)                                   <th scope="col"> 申請人 </th>
(41)                                   <th scope="col"> 會議室名稱 </th>
(42)                                   <th scope="col"> 借用日期 </th>
(43)                                   <th scope="col"> 借用時間 ( 起 )</th>
(44)                                   <th scope="col"> 借用時間 ( 迄 )</th>
(45)                                   <th scope="col"> 事由 </th>
(46)                               </tr>
(47)                           </thead>
(48)                           <tbody id="table-data">
(49)                           </tbody>
(50)                       </table>
(51)                   </div>
(52)               </div>
(53)           </div>
(54)       </div>
(55)   </div>
(56)   <!-- js -->
(57)   <script src='https://cdnjs.cloudflare.com/ajax/libs/jquery/3.3.1/
       jquery.min.js'></script>
(58)   <script src="js/main.js"></script>
(59) </body>
(60) </html>
```

◇ 解說

01：文件類型。其作用為用來說明，目前網頁所編寫 HTML 的標籤是採用什麼樣的版本。

02 ～ 65：<html> ～ </html> 標籤，定義網頁的起始點與結束點。

03 ～ 10：<head> ～ </head> 標籤，定義網頁開頭的起始點與結束點。

04：網頁編碼為中文。

05：設定網頁在載具上的縮放基準。

06：設置網頁的兼容性。

07：網頁標題為「會議室借用」。

08：載入 Bootstrap 的 CDN CSS 樣式文件。

09：載入自定義的 CSS 樣式文件。

11 ～ 64：<body> ～ </body> 標籤，定義網頁內容的起始點與結束點。

12：建立 <div> 標籤並加入 id="wrap"，作為包覆整體內容的最外層區塊。

13：建立 <div> 標籤並加入 container-fluid 類別以建立滿版寬度的佈局。

14：建立 <div> 標籤並加入 row 類別以建立水平群組列。

15：建立 <div> 標籤並加入 col-8 類別進行網格佈局，使標題在任何的載具中均以 8 格欄寬呈現。

16：建立 <h1> 標籤作為內容的標題，標題文字為「教室借用系統」。

18：建立 <div> 標籤並加入 col-4 類別進行網格佈局，使按鈕在任何的載具中均以 4 格欄寬呈現。

19：建立 <a> 標籤作為連結按鈕，並連結會議室借用表單的網址。在 <a> 標籤中所要加入的類別如下：

    (1) btn：套用 Bootstrap 按鈕的基礎樣式。

    (2) btn-danger：將按鈕顏色改為紅色。

    (3) float-right：使按鈕靠右對齊。

21：建立 <div> 標籤，所要加入的類別如下：

    (1) col-12：網格佈局，使該內容在任何的載具中均以 12 格欄寬呈現。

    (2) mb-3：調整下方外距的距離。

22：建立 <div> 標籤來包覆「會議室搜尋」文字與「會議室名稱」內容。

23：建立 <label> 標籤，文字為「會議室搜尋」。

24 ～ 29：建立 <select> 標籤來建立條件搜尋的下拉式選單。

25：建立 <option> 標籤，並建置名為「All」的下拉式選單內容，所要加入的類別如下：

(1) value：屬性值為空，表示不做任何選擇。

(2) checked：被選取狀態。

value 屬性值須與借用的會議室名稱相同，因在做條件式篩選時是以該屬性值與 Google 試算表中的會議室名稱進行條件式篩選，當兩者名稱都相同時才可順利呈現所篩選的結果。

26：建立 <option> 標籤，並建置名為「A101」的下拉式選單內容，同時 value 屬性值為「A101」。

27：建立 <option> 標籤，並建置名為「A102」的下拉式選單內容，同時 value 屬性值為「A102」。

28：建立 <option> 標籤，並建置名為「A103」的下拉式選單內容，同時 value 屬性值為「A103」。

30：建立 <input> 標籤，除了加入「type="submit"」、「id="doaction"」與「value="查詢"」三個屬性外，所要加入的類別如下：

(1) btn：套用 Bootstrap 按鈕的基礎樣式。

(2) btn-primary：將按鈕顏色改為藍色。

(3) ml-3：調整左側外距的距離。

33：建立 <div> 標籤並加入 col-12 類別進行網格佈局，使該內容在任何的載具中均以 12 格欄寬呈現。

34：建立 <div> 標籤，並加入 table-responsive-md 類別，底下的表格在寬度小於 768px 時，會切換成響應式狀態。

35：建立 <table> 標籤，所要加入的類別如下：

(1) table：套用 Bootstrap 表格的基礎樣式。

(2) table-hover：套用滑入樣式，當滑鼠滑入每列內容時，其底色會改為較深的灰色，作為提示。

(3) mb-0：調整下方外距的距離。

36：建立 < thead> 標籤作為表格的表頭。

37：建立 <tr> 標籤。

38 ～ 45：依序建立 <th> 標籤，其顯示內容依序為「申請日期」、「申請部門」、「申請人」、「會議室名稱」、「借用日期」、「借用時間（起）」、「借用時間（迄）」、「事由」等 8 個標題。

48 ～ 49：建立 <tbody > 標籤作為表格的主要內容且加入「id="table-data"」屬性，使爾後所接收到的 JSON 內容會顯示於此。

57：載入 jQuery 的 CDN 文件。

58：載入自定義的 js 文件。

13.6.2 定義 CSS 樣式

使用網頁編輯軟體建立 style.css 檔案，並在文件中建立相關的選擇器樣式，以調整網頁的整體效果，撰寫程式碼與解説如下：

> 檔案來源：ch13-會議室借用與查詢系統 > css > style.css

```
(01) body{
(02)    font-family: 'Microsoft JhengHei';
(03) }
(04)
(05) h1{
(06)    font-size: 2rem;
(07)    font-weight: 700;
(08) }
(09)
```

```
(10)  .padding-tb{
(11)    padding-top: 30px;
(12)    padding-bottom: 30px;
(13)  }
(14)
(15)  .group{
(16)    padding-top: 30px;
(17)  }
(18)
(19)  .w-10{
(20)    width: 10%;
(21)  }
(22)
(23)  .w-15{
(24)    width: 15%;
(25)  }
(26)
(27)  #select{
(28)    width: 120px;
(29)    height: 40px;
(30)  }
(31)
(32)  @media (min-width: 768px) {
(33)    h1{
(34)        font-size: 2.4rem;
(35)    }
(36)  }
```

◇ 解說

01 ～ 03：建立 body 樣式名稱，其樣式為將網頁中的字型改為微軟正黑體。

05 ～ 08：建立 h1 樣式名稱，其樣式為調整 h1 標籤的「字型尺寸」與「字型粗細」等樣式。

10 ～ 13：建立「.padding-tb」樣式名稱，其樣式為增加「上方內距」與「下方內距」等樣式。

15 ～ 17：建立「.group」樣式名稱，其樣式為增加「上方內距」樣式。

19 ～ 21：建立「.w-10」樣式名稱，其樣式為調整「寬度」樣式。

23 ～ 25：建立「.w-15」樣式名稱，其樣式為調整「寬度」樣式。

27 ～ 30：建立「#select」樣式名稱，其樣式為調整「寬度」與「高度」兩樣式。

32 ～ 36：建立媒體查詢，當寬度大於 768px 時會執行當中的樣式。

33 ～ 35：建立「h1」樣式名稱，其樣式為調整 h1 標籤的「字型尺寸」樣式。

建置完樣式後，於 HTML 中所要加入的選擇器名稱如下：

(1) 第 13 行：加入「`padding-tb`」。

(2) 第 22 行：加入「`group`」。

(3) 第 24 行：加入「`id="select"`」。

(4) 第 39、40、42、45 行：加入「`w-10`」。

(5) 第 38、41、43、44 行：加入「`w-15`」。

13.6.3 建立 JS 文件

使用網頁編輯軟體建立 main.js 檔案，在 js 文件中，所要執行的動作如下：

(1) 接收會議室借用的 Google 試算表資料。

(2) 成功接收後，將資料轉為網頁格式並呈現在前端網頁中。

(3) 會議室的搜尋功能。

藉由上述的動作以達成在前端網頁中具備會議室查看與查詢的功能，撰寫程式碼與解說如下：

➤ 檔案來源：ch13-會議室借用與查詢系統 > js > main.js

```
(01)  $(function () {
(02)      Retrieve();
(03)  });
(04)
(05)  function Retrieve() {
(06)      var dataArray = [];
(07)      var URL = '部署為網路應用程式的網址';
(08)      $.ajax({
(09)          url: URL,
(10)          type: 'POST',
(11)          dataType: "json",
(12)          error: function (xhr) {
(13)              alert('發生錯誤！請重新再試一次～');
(14)          },
(15)          success: function (Jdata) {
(16)              var Info = Jdata.data;
(17)              // 資料量長度
(18)              var Length = Number(Info.length);
(19)              if(Length > 0){
(20)                  for (i = 0; Info.length > i; i++) {
(21)                      FillTime = Info[i].FillTime;
(22)                      Department = Info[i].Department;
(23)                      Applicant = Info[i].Applicant;
(24)                      RoomName = Info[i].RoomName;
(25)                      BorrowDate = Info[i].BorrowDate;
(26)                      StartTime = Info[i].StartTime;
(27)                      EndTime = Info[i].EndTime;
(28)                      Reason = Info[i].Reason;
(29)                      // 印出資料
(30)                      print();
(31)                  };
(32)              }else{
(33)                  $("#table-data").append('暫無資料');
(34)              }
(35)
(36)              // 資料列印
(37)              function print(){
(38)                  $("#table-data").append(
(39)                      '<tr>' +
(40)                          '<td class="w-15">' + FillTime + '</td>' +
(41)                          '<td class="w-10">' + Department + '</td>' +
(42)                          '<td class="w-10">' + Applicant + '</td>' +
```

```
(43)                            '<td class="w-10">' + RoomName + '</td>' +
(44)                            '<td class="w-15">' + BorrowDate + '</td>' +
(45)                            '<td class="w-15">' + StartTime + '</td>' +
(46)                            '<td class="w-15">' + EndTime + '</td>' +
(47)                            '<td class="w-10">' + Reason + '</td>' +
(48)                        '</tr>'
(49)                    );
(50)                };
(51)                // 會議室搜尋
(52)                 $("#doaction").click(function(){
(53)                    select();
(54)                });
(55)
(56)                function select(){
(57)                    var result = "";
(58)                    $("#select").each(function () {
(59)                        result = $(this).val() ;
(60)                        search_table($(this).val());
(61)                    });
(62)                };
(63)
(64)                function search_table(value){
(65)                    $('tbody tr').each(function(){
(66)                        var found = 'false';
(67)                        $(this).each(function(){
(68)                            if($(this).text().toLowerCase().indexOf
                                 (value.toLowerCase()) >= 0)
(69)                            {
(70)                                    found = 'true';
(71)                            }
(72)                        });
(73)                        if(found == 'true')
(74)                        {
(75)                                $(this).show();
(76)                        }
(77)                        else
(78)                        {
(79)                                $(this).hide();
(80)                        }
(81)                    });
(82)                }
(83)            }
(84)        });
(85)    };
```

◇ 解說

01 ～ 03：建立立即函式，使一開始就執行 Retrieve() 函式內容。

05 ～ 85：制定名為 Retrieve() 的函式，在此函式中會針對「JSON 接值」、「資料列印」與「會議室搜尋」三個動作進行相關程式撰寫。

06：宣告名為 dataArray 的變數，其值為空陣列。

07：宣告名為 URL 的變數，其值為會議室借用試算表部署為網路應用程式的網址（網址請參閱 14.5 小節）。

08 ～ 84：調用 ajax 函式進行接值，屬性說明如下：

　　(1) url：其值為所宣告的 URL 變數結果。

　　(2) type：以 POST 方法向來源發送請求。

　　(3) dataType：接收的資料格式為 json。

　　(4) error: function (xhr)：接值失敗後所要執行的內容。

　　(5) success: function (Jdata)：接值成功後所要執行的內容，並將接值成功後的內容存入 Jdata 變數中。

16：宣告名為 Info 的變數，其值為 Jdata 中名為 data 的資料。

18：宣告名為 Length 的變數，其值為利用 Number() 函式將 Info 的資料長度之值轉為數字型態。

19：建立 if…else 條件判斷式，判斷 if() 中的 Length 變數值（資料量）是否大於 0，若條件滿足時則執行第 20 ～ 31 行程式；反之執行第 33 行程式。

20：建立 for 迴圈，設定重點如下：

　　(1) 宣告名為 i 的變數，且變數起始值為 0。

　　(2) 判斷 Info.length（資料的長度）大於 i 值的條件是否成立，若條件成立時執行 i++;，同時也會執行迴圈中第 21 ～ 30 行的程式。

21 ～ 28：制定相關變數名稱，其值為 Info 每筆資料中所對應名稱的值，所對應的名稱為 14.2.6 小節中所定義的變數名稱。

30：執行 print() 函式，使所取得每筆結果的資料可呈現在網頁中。

32 ～ 34：當 if() 中的條件不足時，表示目前無人借用往後日期的會議室，因此在前端網頁中其 id 屬性值為「table-data」的表格中顯示「暫無資料」作為提示。

37 ～ 50：制定名為 print() 的函式，負責將資料以表格的方式呈現在網頁中指定的位置。

38：將資料寫入到網頁中其 id 屬性值為「table-data」的區域，且所寫入的資料格式為字串。

39 ～ 48：利用字串加變數的方式，使該表格內容為所取得的變數值。

52 ～ 54：當點擊前端網頁中的「查詢」按鈕後，會執行 select() 函式。

56 ～ 62：制定名為 select () 的函式，負責取得下拉式選單中被選取的 value 屬性值，同時將該值傳入 search_table() 函式中，以進行後續篩選動作。

64 ～ 82：制定名為 search_table (value) 的函式。當接收到傳入的下拉式選單屬性值後，會歷遍網頁中位於 tbody > tr 底下的每行內容，若在歷遍過程中有符合該值的內容時，該行會保持顯示狀態；反之則將該行進行隱藏，藉此完成指定會議室名稱的篩選。

▲ 於電腦載具中所瀏覽結果

▲ 於行動載具中所瀏覽結果

14
CHAPTER

Google 日曆—
以學校行事曆為例

◈ 範例說明

很多企業會將該年度所要執行的事情或活動標記於 Google 日曆中,且以網頁的方式供員工查看,針對不同的事情或活動還會利用不同顏色進行標示,但嵌入網頁中所呈現的 Google 日曆卻是以單一顏色呈現,於是只好在標題中額外加入分類名稱作為提示,希望有利於識別,但結果並沒有太大的效益。

為了讓 Google 日曆的事件能更有效的控管與查閱,本範例先利用 Google 表單讓需求單位將要張貼於日曆的事件進行申請;同時審核單位再於 Google 表單產生的 Google 試算表中進行審核,核准後即可利用自定義的按鈕將該事件自動寫入到對應的分類日曆中;最後,網頁中也透過分類篩選的功能讓瀏覽者可直接對所想查閱的日曆進行篩選。

此流程除了可不必再以手動的方式新增日曆事件之外,瀏覽者更可透過不同顏色與篩選機制查閱日曆。

◈ 範例檔案

➤ 指令碼:ch14-Google 日曆 > 指令碼 .docx

14.1 表單建立

STEP 1 在雲端硬碟中,點擊「新增 > 資料夾」。

STEP 2 將資料夾命名為「ch14-Google 日曆」。

STEP 3 進入「ch14-Google 日曆」資料夾，在空白處點擊「滑鼠右鍵 > 更多 >
Google 表單」。

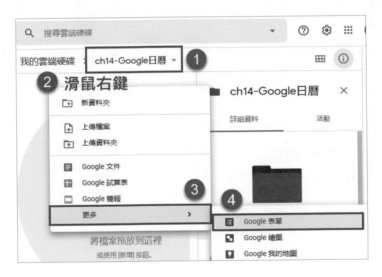

STEP 4 將 Google 表單的名稱改為「行事曆事件申請」。

STEP 5 將預設的問題進行修改，其設定如下：

(1) 問答類型：簡答。

(2) 問題主旨：申請單位。

(3) 必填：是。

(4) 新增問題。

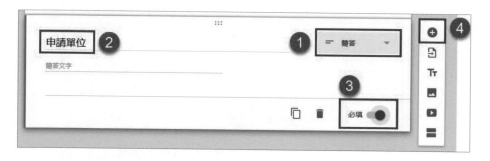

STEP 6 第二個問題進行修改，其設定如下：

(1) 問答類型：簡答。

(2) 問題主旨：申請人。

(3) 必填：是。

(4) 新增問題。

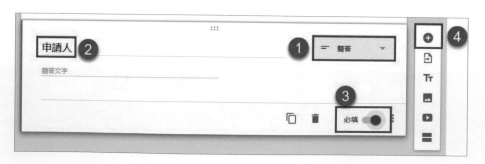

STEP 7 第三個問題進行修改，其設定如下：

(1) 問答類型：下拉式選單。

(2) 問題主旨：分類。

(3) 選單內容：

　　1、學生行事曆。

　　2、教師行事曆。

　　3、大學甄試入學。

　　4、教育訓練

(4) 必填：是。

(5) 新增問題。

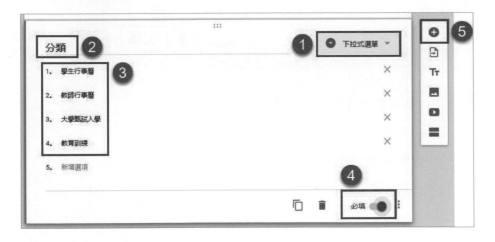

STEP 8 第四個問題進行修改，其設定如下：

(1) 問答類型：簡答。

(2) 問題主旨：主旨。

(3) 必填：是。

(4) 新增問題。

STEP 9 第五個問題進行修改，其設定如下：

(1) 問答類型：段落。

(2) 問題主旨：説明。

(3) 必填：是。

(4) 新增問題。

STEP 10 第六個問題進行修改，其設定如下：

(1) 問答類型：日期。

(2) 問題主旨：起始日期與時間。

(3) 必填：是。

(4) 進階設定。

(5) 勾選加入時間。

(6) 新增問題。

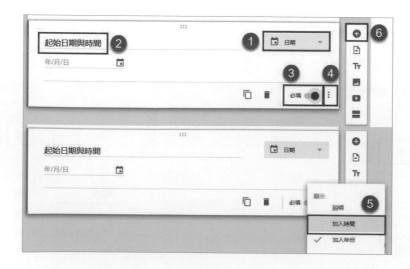

STEP 11 第七個問題進行修改，其設定如下：

(1) 問答類型：日期。

(2) 問題主旨：結束日期與時間。

(3) 必填：是。

(4) 進階設定。

(5) 勾選加入時間。

(6) 新增問題。

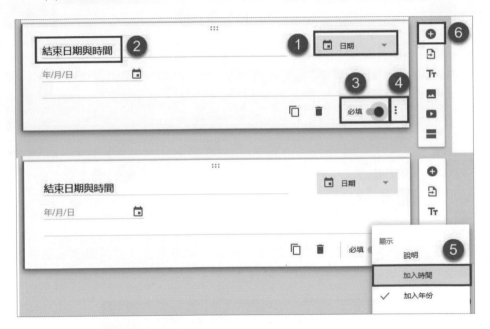

STEP 12 點擊「預覽」按鈕來瀏覽所設計的問卷。

STEP 13 此時，依據表單問題進行填寫，以建立一筆資料。

STEP 14 填寫完畢後，於 Google 表單的編輯頁面，可看見已有一筆回覆的資料。

STEP 15 切換至回覆的頁面，點擊「Google Sheet」按鈕，使將回覆的資料建立成試算表。

STEP 16 在建立試算表的視窗中，選取「建立新試算表」並將試算表名稱修改為「行事曆事件申請」，並點擊建立按鈕。

STEP 17 對「行事曆事件申請」試算表進行相關修改，修改項目如下：

(1) I 欄：新增「是否同意轉發到日曆」。

(2) J 欄：新增「發佈狀態」。

(3) 工作表名稱修改為「list」。

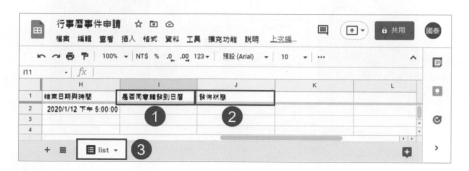

14.2　編寫指令碼

14.2.1　文件設定

STEP 1 點擊「擴充功能 > Apps Script」，以開啟 IDE 編輯器。

STEP 2 在 IDE 編輯器中，將專案名稱修改為「IntroCalendar」。

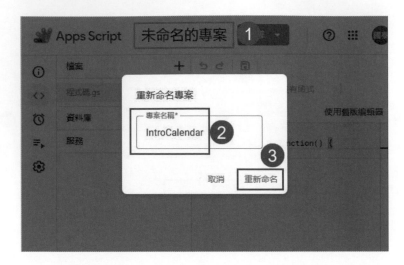

14.2.2 建立選單

為了能更自由地操控程式運作，不用每次都要進入 IDE 編輯器來執行，因此必須在現有的 Google 試算表中添加自己定義的選單，選單要執行的內容為指定的函式，藉此使自動化的操作更具彈性，撰寫程式碼與解說如下：

```
(01) function onOpen() {
(02)   var sheet = SpreadsheetApp.getActiveSpreadsheet();
(03)   var menuItems = [
(04)     {name: " 加入事件 ", functionName: "addEvents"}
(05)   ];
(06)   sheet.addMenu(' 建立日曆事件 ', menuItems);
(07) }
```

◇ 解說

01：使用預設的 onOpen() 函式，使開啟文件時執行當中指令碼。

02：宣告 sheet 變數，其值為與試算表取得連接。

03 ～ 06：宣告 menuItems 變數，其值為一組資料以作為選單內容，說明如下：

(1) name：表示為按鈕名稱（可隨意修改）。

(2) functionName：表示為所要執行函式名稱。

06：利用 addMenu() 函式使在試算表中加入一個選單按鈕於功能列中，參數說明如下：

(1) 第一個參數：表示為按鈕的名稱（可隨意修改）。

(2) 第二個參數：表示為所要建立的選單內容。

14.2.3 共用變數

將專案中會重復使用的變數設置在函式外，使之成為共用型態，撰寫程式碼與解說如下：

```
(09) var sheet= SpreadsheetApp.getActiveSpreadsheet();
(10) var ss = sheet.getSheetByName('list');
(11) var range = ss.getDataRange();
(12) var values = range.getValues();
```

◇ 解說

09：宣告名為 sheet 的變數，其值為與試算表取得連接。

10：宣告名為 ss 的變數，其值為與試算表中的「list」工作表連接。

11：宣告名為 range 的變數，其值為取得工作表中的儲存格。

12：宣告名為 values 的變數，其值為取得 range 變數結果的儲存格之值。

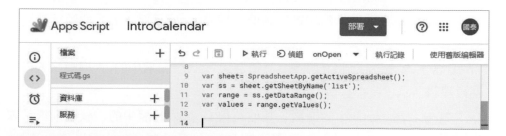

■ 14.2.4 日曆事件判斷

將已核准傳送到 Google 日曆的事件，依據其分類而自動寫入所對應的 Google 日曆中，撰寫程式碼與解說如下：

```
(14)  function addEvents(){
(15)    var Student = CalendarApp.getCalendarById('學生行事曆 日曆ID');
(16)    var Teacher = CalendarApp.getCalendarById('教師行事曆 日曆ID');
(17)    var Screening = CalendarApp.getCalendarById('大學甄試入學 日曆ID');
(18)    var Training = CalendarApp.getCalendarById('教育訓練 日曆ID');
(19)    for (var i = 1; i < values.length; i++) {
(20)      var Status = ss.getRange(i+1,9).getValues();
(21)      var Category = ss.getRange(i+1,4).getValues();
(22)      var Publish = ss.getRange(i+1,10).getValues();
(23)      if (Status == '準'&& Category == '學生行事曆' && Publish=='') {
(24)        Calendar_Event(i,Student);
(25)      } else if(Status == '準'&& Category == '教師行事曆' &&
Publish==''){
(26)        Calendar_Event(i,Teacher);
(27)      }else if(Status == '準'&& Category == '大學甄試入學' &&
Publish==''){
(28)        Calendar_Event(i,Screening);
(29)      }else if(Status == '準'&& Category == '教育訓練' && Publish==''){
(30)        Calendar_Event(i,Training);
(31)      }else{
(32)
(33)      }
(34)    }
(35)  }
```

◇ 解說

14：制定名為 addEvents() 的函式。

15：宣告名為 Student 的變數，其值為與 Google 日曆中的「學生行事曆」取得連接。

16：宣告名為 Teacher 的變數，其值為與 Google 日曆中的「教師行事曆」取得連接。

17：宣告名為 Screening 的變數，其值為與 Google 日曆中的「大學甄試入學」取得連接。

18：宣告名為 Training 的變數，其值為與 Google 日曆中的「教育訓練」取得連接。

19 ～ 32：建立 for 迴圈，設定重點如下：

(1) 宣告名為 i 的變數，且變數起始值為 1。

(2) 判斷 i 值是否小於資料的長度。

(3) 若條件成立時執行 i++。

20：宣告名為 Status 的變數，其值為取得 list 工作表中每行的第 9 個儲存格之資料（是否同意轉發到日曆）。

21：宣告名為 Category 的變數，其值為取得 list 工作表中每行的第 4 個儲存格之資料（分類）。

22：宣告名為 Publish 的變數，其值為取得 list 工作表中每行的第 10 個儲存格之資料（發佈狀態）。

23 ～ 33：利用 if…else 條件判斷式來判斷數種可行性，使其將結果寫入到 Google 日曆中。

23：建立 if 條件式，當三種條件同時滿足時，執行第 24 行的內容。

24：將所獲得結果以變數型態帶入到 Calendar_Event() 函式中。

25：建立 else if 條件式，當三種條件同時滿足時，執行第 26 行的內容。

26：將所獲得結果以變數型態帶入到 Calendar_Event() 函式中。

27：建立 else if 條件式，當三種條件同時滿足時，執行第 28 行的內容。

28：將所獲得結果以變數型態帶入到 Calendar_Event() 函式中。

29：建立 else if 條件式，當三種條件同時滿足時，執行第 30 行的內容。

30：將所獲得結果以變數型態帶入到 Calendar_Event() 函式中。

31：建立 else 條件式，當上述四種條件都不滿足時，則執行第 32 行的內容。

32：由於當四個條件都不滿足的情況下並沒有要執行的內容，故以留空處理。

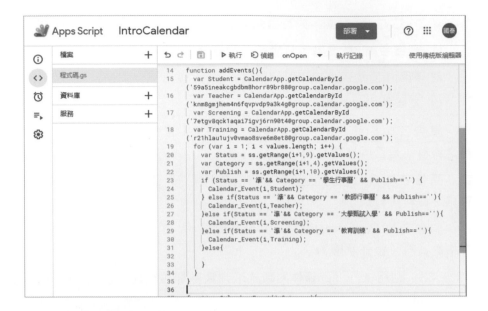

14.2.5 建立日曆事件

透過第 24、26、28 與 30 行之結果，得知從 Google 試算表中要寫入到 Google 日曆的「行數」與「日曆 ID」兩筆資料，藉此進行日曆事件的新增動作，撰寫程式碼與解說如下：

```
(37) function Calendar_Event(i,Category){
(38)   var eventTitle = values[i][4];
(39)   var start = values[i][6];
(40)   var end = values[i][7];
(41)   var options = {description: values[i][5]};
(42)   var event = Category.createEvent(eventTitle, start, end, options);
(43)   ss.getRange(i+1,8).setValue('已發佈');
(44) }
```

◇ 解說

37：建立名為 Calendar_Event(i,Category) 的函式，變數的涵義説明如下：

   (1) i：表示 Google 試算表中的行數。

   (2) Category：表示要寫入 Google 日曆的 ID。

38：宣告名為 eventTitle 的變數，其值為所指定的 Google 試算表行數中的第 4 筆資料（主旨），同時也是建立日曆事件中的第一個參數資料。

39：宣告名為 start 的變數，其值為所指定的 Google 試算表行數中的第 6 筆資料（起始日期與時間），同時也是建立日曆事件中的第二個參數資料。

40：宣告名為 end 的變數，其值為所指定的 Google 試算表行數中的第 7 筆資料（結束日期與時間），同時也是建立日曆事件中的第三個參數資料。

41：宣告名為 options 的變數，同時也是建立日曆事件中的第四個參數資料。當中 description 參數，其值為所指定的 Google 試算表行數中的第 5 筆資料（說明）。

42：宣告名為 event 的變數，其值為將變數結果彙整並於指定的 Google 日曆中（分類）建立事件。

43：於每筆資料中的第 10 欄位寫入「已發佈」文字，作為往後是否建立事件的判斷標準。

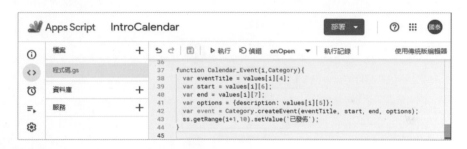

14.3 建立 Google 日曆

14.3.1 建立不同分類的日曆

STEP 1 前往 Google 日曆應用程式。

STEP 2 於 Google 日曆中，點擊「設定選單 > 設定」。

STEP 3 在設定頁面中，於左側選單中點擊「新增日曆 > 建立新日曆」。

STEP 4 此時在右側的建立新日曆中，輸入「學生行事曆」並點擊「建立日曆」按鈕。

STEP 5 重複 Step3 步驟，在右側的建立新日曆中，輸入「教師行事曆」並點擊「建立日曆」按鈕。

STEP 6 重複 Step3 步驟，在右側的建立新日曆中，輸入「大學甄試入學」並點擊「建立日曆」按鈕。

STEP 7 重複 Step3 步驟，在右側的建立新日曆中，輸入「教育訓練」並點擊「建立日曆」按鈕。

STEP 8 返回日曆的首頁。

STEP 9 此時，於左側我的日曆選單中查看到剛才新增的四個新日曆。

STEP 10 由於日曆的預設顏色有相同結果，故將滑鼠移到要修正的日曆後點擊「設定」，並於設定清單中修改日曆的顏色，使四個分類的顏色均不相同。

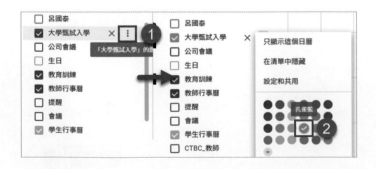

14.3.2 取得並貼上日曆 ID

STEP 1 於 Google 日曆中，點擊「設定選單 > 設定」。

STEP 2 在設定頁面中，於左側選單中點擊「學生行事曆 > 整合日曆」，並複製「日曆 ID」欄位的資料。

STEP 3 將複製後的日曆 ID 貼於 GAS 專案中的指定位置。

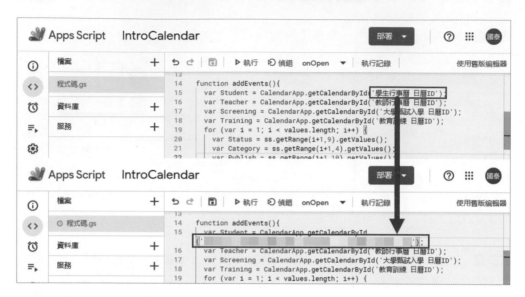

STEP 4 依照 Step1 ～ Step3 步驟，將「教師行事曆」、「大學甄試入學」與「教育訓練」三個日曆的 ID 貼於 GAS 專案中。

14.4 執行指令碼

STEP 1 點擊「儲存」（Ctrl + S）。

STEP 2 選擇要執行的函式「onOpen」後，再點擊「執行」按鈕。

STEP 3 點擊「審查權限」按鈕。當要與其他 Google Apps 進行互動時,都必須取得權限。

STEP 4 點擊審查權限後,會跳出選擇帳戶的視窗,此時點擊您的帳戶。

STEP 5 點擊「進階」選項。

STEP 6 點擊「前往「IntroCalendar」（不安全）」選項。

STEP 7 最後，點擊「允許」按鈕。當中也會列出該專案透過 API 可操作的內容與權限。

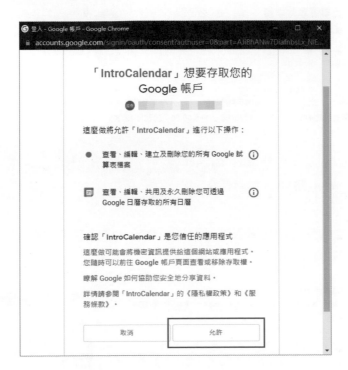

STEP 8 重新整理行事曆事件申請試算表網頁，重新整理後會於功能列中查看到「建立日曆事件」選單。

STEP 9 在第一筆資料的 I 欄儲存格內輸入「準」，作為批准發佈這則訊息到日曆的依據。

STEP 10 點擊「建立日曆事件 > 加入事件」。

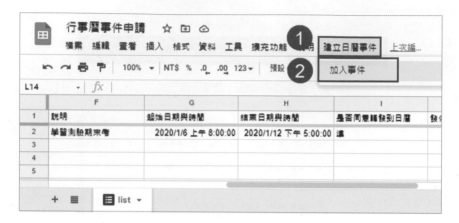

STEP 11 當核准的資料成功寫入到日曆後，會於 J 欄儲存格寫入已發佈，作為往後在發佈時的判斷依據。

STEP 12 在 Google 日曆頁面中，可看到於指定的分類日曆內新增的事件。

STEP 13 點擊日曆事件後可查驗與試算表中的資料是否相同。

STEP 14 當不同分類的日曆中有建立事件後，可藉由顏色來區分所代表的日曆。

14.5 建立網頁

14.5.1 HTML 建置

使用網頁編輯軟體開啟 index.html 檔案。同時套用 Bootstrap 4 前端框架來滿足 HTML 內容所需要的樣式，撰寫程式碼與解說如下：

> ➤ 檔案來源：ch14-Google 日曆 > index.html

```
(01) <!DOCTYPE html>
(02) <html lang="en">
(03) <head>
(04)   <meta charset="UTF-8">
(05)   <meta name="viewport" content="width=device-width, initial-scale=1.0">
(06)   <meta http-equiv="X-UA-Compatible" content="ie=edge">
(07)   <title>行事曆</title>
(08)   <link rel='stylesheet' href='https://cdnjs.cloudflare.com/ajax/libs/twitter-bootstrap/4.3.1/css/bootstrap.min.css'/>
(09)   <link rel="stylesheet" href="css/style.css">
(10) </head>
(11) <body>
```

```
(12)    <div id="wrap">
(13)      <div class="container mt-5 mb-5">
(14)        <div class="row">
(15)          <div class="col-10 mx-auto">
(16)            <h1> 學校行事曆 </h1>
(17)            <div id="calList">
(18)              <div class="form-check form-check-inline">
(19)                <input class="form-check-input" type="checkbox"
id="chk_Default" value="" checked="checked">
(20)                <label class="form-check-label" for="chk_Default"> 全部
</label>
(21)              </div>
(22)              <div class="form-check form-check-inline">
(23)                <input class="form-check-input" type="checkbox"
id="chk_Student" value="">
(24)                <label class="form-check-label" for="chk_Student">
學生行事曆 </label>
(25)              </div>
(26)              <div class="form-check form-check-inline">
(27)                <input class="form-check-input" type="checkbox"
id="chk_Teacher" value="">
(28)                <label class="form-check-label" for="chk_Teacher">
教師行事曆 </label>
(29)              </div>
(30)              <div class="form-check form-check-inline">
(31)                <input class="form-check-input" type="checkbox"
id="chk_Screening" value="">
(32)                <label class="form-check-label" for="chk_Screening">
大學甄試入學 </label>
(33)              </div>
(34)              <div class="form-check form-check-inline">
(35)                <input class="form-check-input" type="checkbox"
id="chk_Training" value="">
(36)                <label class="form-check-label" for="chk_Training">
教育訓練 </label>
(37)              </div>
(38)              <div class="form-check form-check-inline">
(39)                <a class="btn btn-primary" id="okBtn" href=
"javascript:;" onclick="showCalendar();"> 確定 </a>
(40)              </div>
(41)            </div>
(42)            <div class="embed-responsive embed-responsive-16by9 mt-5">
(43)              <iframe class="embed-responsive-item" id="ifCal"
src="https://calendar.google.com/calendar/embed?showTitle=0&amp;wkst=
1&amp;bgcolor=%23ffffff&amp;ctz=Asia%2FTaipei&amp; " ></iframe>
```

```
(44)                    </div>
(45)                  </div>
(46)                </div>
(47)            </div>
(48)        </div>
(49)    <script src='https://cdnjs.cloudflare.com/ajax/libs/jquery/3.4.1/
jquery.min.js'></script>
(50)    <script src="js/main.js"></script>
(51) </body>
(52) </html>
```

◇ 解說

01：文件類型。其作用為用來說明，目前網頁編寫 HTML 的標籤是採用什麼樣的版本。

02 ～ 52：<html> ～ </html> 標籤，定義網頁的起始點與結束點。

03 ～ 10：<head> ～ </head> 標籤，定義網頁開頭的起始點與結束點。

04：網頁編碼為中文。

05：設定網頁在載具上的縮放基準。

06：設置網頁的兼容性。

07：網頁標題為「行事曆」。

08：載入 Bootstrap 的 CDN CSS 樣式文件。

09：載入自定義的 CSS 樣式文件。

11 ～ 51：<body> ～ </body> 標籤，定義網頁內容的起始點與結束點。

12：建立 <div> 標籤並加入 id="wrap"，作為包覆整體內容的最外層區塊。

13：建立 <div> 標籤並加入 container 類別以建立固定寬度的佈局。

14：建立 <div> 標籤並加入 row 類別以建立水平群組列。

15：建立 <div> 標籤並加入 col-10 類別進行網格佈局，使內容在任何的載具中均以 10 格欄寬呈現，同時加入 mx-auto 類別使整個網格呈現在水平置中的位置。

16：建立 <h1> 標籤作為內容的標題，標題文字為「校園行事曆」。

17：建立 <div> 標籤作為 Google 日曆的主要內容區域，且加入「id="calList"」屬性。

18、22、26、30、34、38：建立 <div> 標籤，要加入的類別如下：

    (1) `form-check`：套用 Bootstrap Checkbox 的基礎樣式。

    (2) `form-check-inline`：將排版方式改為 inline，使底下的 input 與 label 得以併排呈現，以及調整左方內距與右方外距的距離。

19：建立 <input> 標籤，所要加入的類別如下：

    (1) `form-check-input`：修改位置屬性及上方、右方與左方的外距距離。

    (2) type="checkbox"：input 的類型為複選框。

    (3) id="chk_Default"：表示為預設的日曆。

    (4) value=""：該值暫為空，後續會填入 Google 日曆的網址。

    (5) checked="checked"：被選取狀態。

21：建立 <label> 標籤，所要加入的類別如下：

    (1) `form-check-label`：調整向下外距的距離。

    (2) for="chk_Default"：與第 19 行的 id 屬性值相呼應。若少了此設定則在網頁中必須點擊 checkbox 才會勾選內容；反之若相呼應時，當點擊文字也有勾選的效果。

23、27、31、35：與第 19 行設定相同，唯獨 id 屬性依序改為「chk_Student」、「chk_Teacher」、「chk_Screening」、「chk_Training」。

24、28、32、36：與第 19 行設定相同，唯獨 for 屬性依序改為「chk_Student」、「chk_Teacher」、「chk_Screening」、「chk_Training」，同時文字也依序修改為「學生行事曆」、「教師行事曆」、「大學甄試入學」、「教育訓練」。

39：建立 <a> 標籤作為分類篩選的確認按鈕，使當點擊按鈕後會執行相對應的 javascript 內容，以滿足日曆篩選的結果。在 <a> 標籤中所要加入的類別如下：

    (1) `btn`：套用 Bootstrap 按鈕的基礎樣式。

    (2) `btn-primary`：將按鈕顏色改為藍色。

    (3) href="javascript:;"：表示當點擊時，因為 javascript:; 的關係而使該屬性不發生任何作用。

    (4) onclick="showCalendar();：藉由 onclick 屬性，使當點擊按鈕時會執行 JavaScript 的 showCalendar(); 函式內容。

42：建立 <div> 標籤，所要加入的類別如下：

(1) `embed-responsive`：調整 <div> 標籤預設的樣式。

(2) `embed-responsive-16by9`：顯示的尺寸比例為 16:9。

(3) `mt-5`：調整向上外距的距離。

43：建立 <iframe> 標籤且加入 id="ifCal"，所要加入的類別如下：

(1) `embed-responsive-item`：套用 Bootstrap 對於媒體的響應式樣式。

(2) `src=""`：該值為 Google 日曆所嵌入的固定網址，後續會再加入所有分類日曆的網址，以湊成完整的連結網址。

49：載入 jQuery 的 CDN 文件。

50：載入自定義的 js 文件。

14.5.2 定義 CSS 樣式

使用網頁編輯軟體開啟 style.css 檔案，並在文件中建立相關的選擇器樣式，以調整網頁的整體效果，撰寫程式碼與解說如下：

➤ 檔案來源：ch14-Google 日曆 > css > style.css

```
(01) body{
(02)     font-family: 'Microsoft JhengHei';
(03) }
```

◇ 解說

01 ～ 03：建立 body 樣式名稱，其樣式為將網頁中的預設字型改為微軟正黑體。

14.5.3 建立 JS 文件

在 js 文件中，所要執行的重點為，取得被勾選分類的值（網址），並將其值替換成要嵌入的日曆網址，要替換的網址也可複數相加。

➤ 檔案來源：ch14-Google 日曆 > js > main.js

```
(01) function showCalendar() {
(02)   displayCal();
(03) }
(04)
(05) function displayCal() {
(06)   var iframeURL = 'https://calendar.google.com/calendar/
embed?showTitle=0&wkst=2&';
(07)   $("#calList .form-check input:checked").each(function () {
(08)     iframeURL += $(this).val();
(09)   });
(10)   iframeURL += '&ctz=Asia%2FTaipei';
(11)   $('#ifCal').attr('src', iframeURL);
(12) }
```

◇ 解說

01 ～ 03：制定名為 showCalendar() 的函式，使當網頁中點擊「確定」按鈕後會執行此函式。

02：執行 displayCal() 函式的內容。

05 ～ 12：制定名為 displayCal() 的函式。

06：宣告名為 iframeURL 的變數，其值為要將 Google 日曆嵌入於網頁的 iframe 網址中之固定網址。並於網址最後加入兩個參數，其參數設定如下：

(1) showTitle=0&：表示日曆的標題不顯示。

(2) wkst=1&：每週的一天從星期幾開始（週日 =1，週一 =2，以此類推）。

補充說明

Google 日曆所要嵌入的網址中，網址可分為兩個部分，一為固定網址（表示要嵌入 Google 日曆這個應用程式）；二為日曆的專屬編碼網址，將兩個部分相加後可得該日曆所要嵌入的完整網址。

07 ～ 09：利用 each 的特性，歷遍網頁中指定的內容。

08：將篩選到的內容之 val 參數值加入於 iframeURL 變數，使其獲得完整的網址。

10：在 iframeURL 變數中加入時區參數。

11：將其 iframeURL 變數值寫入到 id='ifCal' 的標籤中，使網頁中所載入的 Google 日曆為篩選後的結果。

14.6 取得日曆網址

14.6.1 公開日曆

完成網頁的建置後，需於 Google 日曆中取得所建立的分類日曆網址，再貼於 HTML 網頁所指定的位置。在此之前，為了讓每個人都可以瀏覽到日曆內容，首先要將所建立的分類日曆之權限設為公開。

STEP 1 於 Google 日曆中，點擊「設定選單 > 設定」。

STEP 2 在設定頁面中，先於左側選單中點擊「學生行事曆」後，於右側的存取權限中「勾選」公開這個日曆，再點擊「確定」按鈕。

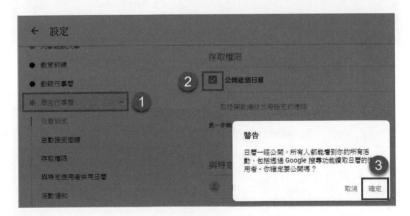

STEP 3 如同 Step2，將「教師行事曆」的權限調整為公開。

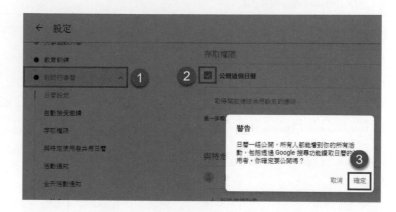

STEP 4 如同 Step2，將「大學甄試入學」的權限調整為公開。

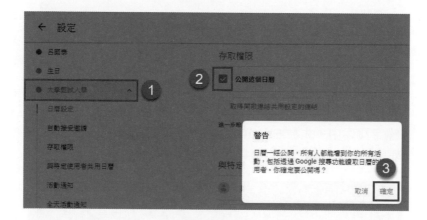

STEP 5 如同 Step2，將「教育訓練」的權限調整為公開。

14.6.2 取得學生行事曆網址

STEP 1 在設定頁面中，先於左側選單中點擊「教育訓練」後再於右側的整合日曆中點擊「自訂」按鈕，來前往自訂的頁面。

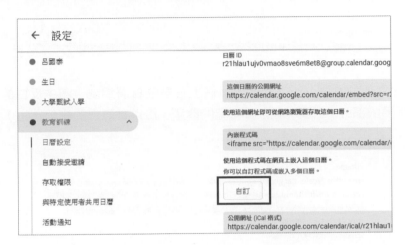

STEP 2 左側選單中只勾選「學生行事曆」。

補充說明

由於在成果網頁中所顯示的日曆事件顏色是以在自訂頁面中，日曆清單中的顏色作為顯示顏色，故若有顏色相似或要調整時，可選擇該日曆並於設定清單中修改顯示顏色。

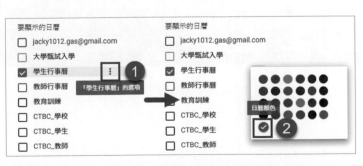

STEP 3 於右側頁面的內嵌程式碼中，點擊「複製」圖示按鈕。

STEP 4 建立新的空白 word 文件，並貼上複製的日曆網址。圖中反白的部分為此範例所要的部分。（圖片中的網址僅供參考，請以實際您的網址為主）。

STEP 5 將複製後的新網址，貼於 HTML 中第 19 行的 value 屬性中，作為當勾選全部選項時顯示的其中一個日曆。

```
11   <body>
12       <div id="wrap">
13           <div class="container mt-5 mb-5">
14               <div class="row">
15                   <div class="col-10 mx-auto">
16                       <h1>校園行事曆</h1>
17                       <div id="calList">
18                           <div class="form-check form-check-inline">
19                               <input class="form-check-input" type="checkbox" id="chk_Default"
                                   value="src=NTlhNWluZWFrY2diZGJtOGhvcnI4OWJyODhAZ3JvdXAuY2FsZW5kYXIu
                                   Z29vZ2xlLmNvbQ&amp;color=%239D7000" checked="checked">
20                           <label class="form-check-label" for="chk_Default">全部</label>
21                       </div>
```

STEP 6 將複製後的新網址,貼於 HTML 中的第 23 行的 value 屬性中,作為勾選學生行事曆選項時所要顯示的日曆結果。

14.6.3 取得教師行事曆網址

STEP 1 左側選單中只勾選「教師行事曆」。

STEP 2 於右側頁面的內嵌程式碼中,點擊「複製」圖示按鈕。

STEP 3 建立新的空白 word 文件，並貼上所複製的日曆網址。圖中所反白的部分為此範例要的部分。(圖片中的網址僅供參考，請以實際您的網址為主。)

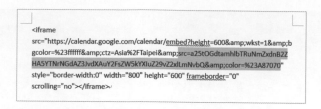

STEP 4 於 HTML 中的第 19 行之 value 屬性值最後輸入「&」，作為不同網址間的連接。

STEP 5 將複製後的新網址，貼於 HTML 中的第 19 行的 value 屬性中，作為當勾選全部選項時所顯示的其中一個日曆。

STEP 6 將複製後的新網址，貼於 HTML 中的第 27 行的 value 屬性中，作為勾選教師行事曆選項時所要顯示的日曆結果。

14.6.4 取得大學甄試入學行事曆網址

STEP 1 左側選單中只勾選「大學甄試入學」。

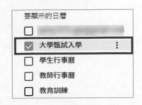

STEP 2 於右側頁面的內嵌程式碼中，點擊「複製」圖示按鈕。

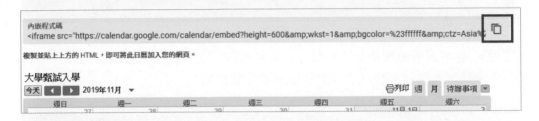

STEP 3 建立新的空白 word 文件，並貼上複製的日曆網址。圖中反白的部分為此範例要的部分。（圖片中的網址僅供參考，請以實際您的網址為主。）

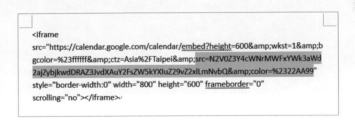

STEP 4 於 HTML 中的第 19 行之 value 屬性值最後輸入「&」，作為不同網址間的連接。

STEP 5 將複製後的新網址，貼於 HTML 中的第 19 行的 value 屬性中，作為當勾選全部選項時所顯示的其中一個日曆。

STEP 6 將複製後的新網址，貼於 HTML 中的第 31 行的 value 屬性中，作為勾選大學甄試入學行事曆選項時所要顯示的日曆結果。

14.6.5 取得教育訓練行事曆網址

STEP 1 左側選單中只勾選「教育訓練」。

STEP 2 於右側頁面的內嵌程式碼中，點擊「複製」圖示按鈕。

STEP 3 建立新的空白 word 文件，並貼上複製的日曆網址。圖中反白的部分為此範例要的部分。（圖片中的網址僅供參考，請以實際您的網址為主。）

STEP 4 於 HTML 中的第 19 行之 value 屬性值最後輸入「&」，作為不同網址間的連接。

STEP 5 將複製後的新網址，貼於 HTML 中第 19 行的 value 屬性，作為當勾選全部選項時所顯示的其中一個日曆。

STEP 6 將複製後的新網址，貼於 HTML 中的第 35 行的 value 屬性中，作為勾選教育訓練行事曆選項時要顯示的日曆結果。

14.6.6 細部調整

於第 43 行中，網頁一開始要載入的網址中並沒有指定任何日曆，與此同時，預設的網址與全部選項的網址是相同的，都代表要載入全部的日曆。

另外，為了使當勾選數個分類選項時，載入的日曆網址得以正確，故於每個分類網址最後方加入「&」。

STEP 1 將第 19 行中，value 屬性值進行複製。

STEP 2 將複製後的值貼於第 43 行的 src 屬性的最後。

STEP 3 最後，於第 23、27、31、35 行的 value 屬性值最後增加「&」，使當勾選數個分類時，其網址得以完整連接。

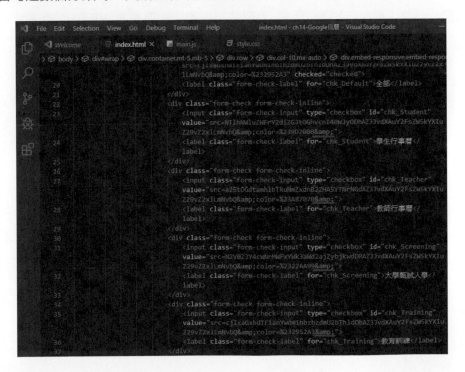

STEP 4 瀏覽網頁，預設時載入的畫面。

STEP 5 勾選「學生行事曆」與「大學甄試入學」兩個選項後所載入的畫面。

15

網頁預約系統

◈ 範例說明

雖然 Google 表單可以做到資料填寫並轉換成 Google 試算表的方式而完成想要的結果，但考量到美觀性以及想在網頁中透過自定義的表單而完成資料上傳到 Google 試算表的動作，故此範例主要是說明如何在網頁端將填寫的欄位資料寫入到 Google 試算表中，以提高 GAS 與網頁溝通的應用性。

◈ 範例延伸

1. 聯絡表單。

2. 報修表單。

3. 簽到表。

◈ 範例檔案

➤ 指令碼：ch15- 網頁預約系統 > 指令碼 .docx

15.1 表單建立

STEP 1 在雲端硬碟中，點擊「新增 > 資料夾」。

STEP 2 將資料夾命名為「ch15- 線上預約」。

STEP 3 進入「ch15- 線上預約」資料夾，在空白處點擊「滑鼠右鍵 > Google 試算表」。

STEP 4 對試算表進行相關修改，修改項目如下：

(1) 檔案名稱修改為「線上預約」。

(2) 工作表名稱修改為「list」。

STEP 5　在 A1 至 E1 儲存格依序填入相關文字，為「填表時間」、「預約日期」、「預約時間」、「姓名」、「電話」等五個欄位內容。

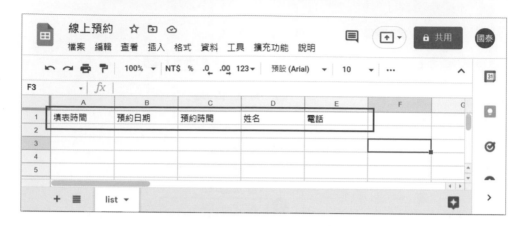

STEP 6　點擊「查看 > 凍結 > 1 列」使將第一列進行凍結。

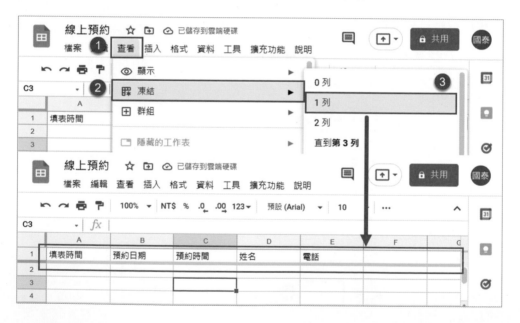

15.2 編寫指令碼

15.2.1 文件設定

STEP **1** 點擊「擴充功能 > Apps Script」，以開啟 IDE 編輯器。

STEP **2** 在 IDE 編輯器中，將專案名稱修改為「Appointment」。

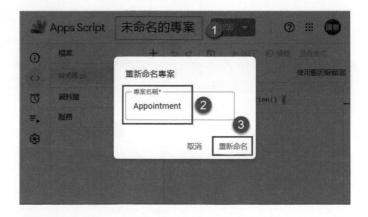

15.2.2 doPost()

此範例會由外部網頁發送 POST 訊號來向 Google 試算表取得資料，故在 GAS 中須藉由 doPost(e) 來接收該請求且執行相關指令，撰寫程式碼與解說如下：

```
(01)    function doPost(e) {
(02)      var op = e.parameter.action;
(03)      var ss = SpreadsheetApp.getActiveSpreadsheet();
(04)      var sn = "list";
(05)      var sheet = ss.getSheetByName(sn);
(06)      if (op == "create")
(07)        return create_value(e, sheet);
(08)    }
```

◇ 解說

01：制定名為 doPost (e) 的函式。

02：宣告名為 op 的變數，為取得所接收的網址當中帶有 action 方法的值。

03：宣告名為 ss 的變數，其值為與試算表取得連接。

04：宣告名為 sn 的變數，其值為與試算表中的「list」工作表連接。

05：宣告名為 sheet 的變數，其值為與試算表中的 list 工作表取得連接。

06 ～ 07：透過 if 條件式判斷 op 變數值是否為 "create"，若成立則執行 create_value() 函式，當中帶入 e 與 sheet 兩變數值；反之則表示所接收的網址所帶入的 action 方法值有誤，則不執行 create_value() 函式。

15.2.3 寫入資料並轉換格式

在第 1～8 行的指令碼中已透過 doPost(e) 來接收請求，故在此建立 create_value () 函式來處理將所接收的網址進行解析，使將各值依序寫入 Google 試算表中，撰寫程式碼與解說如下：

```
(10)  function create_value(request, sheet) {
(11)    var date = request.parameter.date;
(12)    var time = request.parameter.time;
(13)    var name = request.parameter.name;
(14)    var phone = request.parameter.phone;
(15)    var d = new Date();
(16)    var currentTime = d.toLocaleString();
(17)    sheet.appendRow([currentTime, date, time, name, phone]);
(18)    var result = JSON.stringify({"result": "預約建立成功"});
(19)
(20)    return ContentService
(21)      .createTextOutput(request.parameter.callback + "(" + result +
")")
(22)      .setMimeType(ContentService.MimeType.JAVASCRIPT);
(23)  }
```

◇ 解說

10：制定名為 create_value () 的函式。

11：宣告 date 變數，其值為取得網址中名為 date 的值。

12：宣告 time 變數，其值為取得網址中名為 time 的值。

13：宣告 name 變數，其值為取得網址中名為 name 的值。

14：宣告 phone 變數，其值為取得網址中名為 phone 的值。

15：宣告 d 變數，其值為取得目前系統的日期與時間。

16：宣告 currentTime 變數，其值為將 d 變數的格式轉換成字串。

17：將建立的變數值，依序寫入 Google 試算表中。

18：宣告名為 result 的變數，其值為表示結果。

20～22：回傳資料。將 result 之值回傳至前端且將資料轉為 JSON 格式。

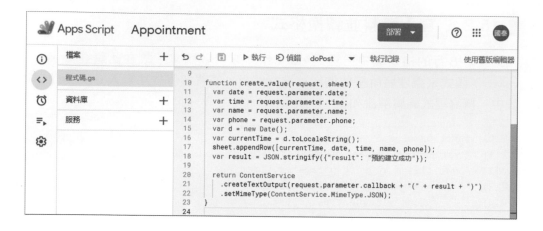

15.2.4 調整時區

由於新版 IDE 編輯器中的時區預設為美國時區,且未提供相關選項來重新調整時區,此問題會造成本專案在時間判斷上的誤差,故須回到舊版編輯器中修改時區。

STEP 1 在 IDE 編輯器中點擊「使用傳統編輯器」按鈕。

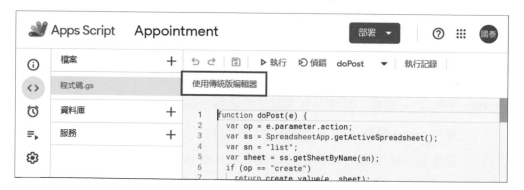

STEP 2 關閉調查表單。

STEP 3 在舊版編輯器中,點擊「檔案 > 專案屬性」。

STEP 4 將時區調整為「(GMT +08:00) 台北」後點擊儲存按鈕。

專案屬性

資訊	範圍	指令碼屬性

屬性	值
名稱	Appointment
說明	
上次修改日期	2022-04-03T07:36:43.227Z
專案金鑰	Mdl7QfB684K-CCeBn2YQK-rCelqghh4iM
指令碼 ID	1OXxWl-sfUPpLdLCiO-kUIDTWWVo8MplFsyiBLQsgDK_y18DhlFSlXd1r
SDC 金鑰	10018ca111577375
時區	(GMT+08:00) 台北

儲存　　取消

STEP 5 點擊「使用新版編輯器」按鈕，使回到新版 IDE 編輯器。

15.3 執行指令碼

STEP 1 點擊「儲存」（Ctrl + S）。

STEP 2 選擇要執行的 函式「doPost()」後，再點擊「執行」按鈕。

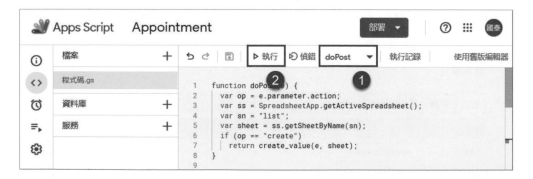

STEP 3 點擊「審查權限」按鈕。當要其他 Google Apps 進行互動時，必須都要取得權限。

STEP 4 點擊核對權限後，會跳出選擇帳戶的視窗，此時點擊您的帳戶。

STEP 5 點擊「進階」選項。

STEP 6 點擊「前往「Appointment」（不安全）」選項。

STEP 7 最後，點擊「允許」按鈕。當中也會列出該專案透過 API 可操作的內容與權限。

15.4 部署為應用程式

STEP 1 在 IDE 編輯器，點擊「部署 > 新增部署作業」。

STEP 2 點擊「啟用部署作業類型 > 網頁應用程式」。

STEP 3 在設定面板中，將誰可以存取欄位，調整為「所有人」後點擊「部署」按鈕。

STEP 4 部署成功後，可於視窗中獲得網路應用程式網址，後續於網頁的建置中會使用到此網址。

15.5 建立網頁

15.5.1 Html 建置

使用網頁編輯軟體開啟 index.html 檔案。在目前既有的 `<head>` ～ `</head>` 標籤中定義相關屬性內容與載入相關文件，以及套用 Bootstrap 4 前端框架來滿足 HTML 內容所需要的樣式，撰寫程式碼與解說如下：

> 檔案來源：ch15- 網頁預約系統 > index.html

```
(01)   <!DOCTYPE html>
(02)   <html lang="en">
(03)   <head>
(04)       <meta charset="UTF-8">
(05)       <meta http-equiv="X-UA-Compatible" content="IE=edge">
(06)       <meta name="viewport" content="width=device-width, initial-scale=1.0">
(07)       <title>網頁預約系統</title>
(08)       <link href="https://cdn.jsdelivr.net/npm/bootstrap@5.0.2/dist/
```

```
css/bootstrap.min.css" rel="stylesheet"
            integrity="sha384-EVSTQN3/azprG1Anm3QDgpJLIm9Nao0Yz1ztcQTwF
spd3yD65VohhpuuCOmLASjC" crossorigin="anonymous">
(09)  </head>
(10)  <body>
(11)      <div class="container mt-5">
(12)          <div class="row">
(13)              <div class="col-8 mx-auto">
(14)                  <h1 class="mb-5 text-center"> 美髮店 - 預約系統 </h1>
(15)                  <form action="post" id="google-sheet">
(16)                      <div class="mb-3">
(17)                          <label for="Date" class="form-label"> 預約日
期 </label>
(18)                          <input type="Date" class="form-control"
id="date" placeholder=" 預約日期 " name="Date" required>
(19)                      </div>
(20)                      <div class="mb-3">
(21)                          <label for="Time" class="form-label"> 預約時
間 </label>
(22)                          <select class="form-control" name="Time"
id="time" required>
(23)                              <option value=""> 請選擇 </option>
(24)                              <option val
ue="10:00~11:00">10:00~11:00</option>
(25)                              <option val
ue="11:00~12:00">11:00~12:00</option>
(26)                              <option val
ue="13:00~14:00">13:00~14:00</option>
(27)                              <option val
ue="14:00~15:00">14:00~15:00</option>
(28)                          </select>
(29)                      </div>
(30)                      <div class="mb-3">
(31)                          <label for="Name" class="form-label"> 姓名 </
label>
(32)                          <input type="text" class="form-control"
id="name" placeholder=" 您的姓名 " name="Name" required>
(33)                      </div>
(34)                      <div class="mb-3">
(35)                          <label for="Phone" class="form-label"> 電話
</label>
(36)                          <input type="number" class="form-control"
id="phone" placeholder=" 電話 " name="Phone" required>
(37)                      </div>
(38)                      <div class="mb-3 mb-3 d-block">
```

```
(39)                            <input type="submit" class="btn btn-primary
btn-lg w-100 mt-5" value="送出表單" />
(40)                        </div>
(41)                    </form>
(42)                </div>
(43)            </div>
(44)        </div>
(45)        <script src='https://cdnjs.cloudflare.com/ajax/libs/jquery/3.6.0/
jquery.js'></script>
(46)        <script src="main.js"></script>
(47) </body>
(48) </html>
```

◇ 解說

01：文件類型。其作用為用來說明，目前網頁所編寫 HTML、XHTML 的標籤是採用什麼樣的版本。

02 ～ 48：<html> ～ </html> 標籤，定義網頁的起始點與結束點。

03 ～ 19：<head> ～ </head> 標籤，定義網頁開頭的起始點與結束點。

04：網頁編碼為中文。

05：設定網頁在載具上的縮放基準。

06：設置網頁的兼容性。

07：網頁標題為「網頁預約系統」。

08：載入 Bootstrap 的 CDN CSS 樣式文件。

10 ～ 47：<body> ～ </body> 標籤，定義網頁內容的起始點與結束點。

11：建立 <div> 標籤並加入 `container` 類別以建立固定寬度的佈局，以及加入 mt-5 類別以調整上方外距的距離。

12：建立 <div> 標籤並加入 `row` 類別以建立水平群組列。

13：建立 <div> 標籤並加入 `col-8` 類別進行網格佈局，使標題在任何的載具中均以 8 格欄寬呈現，以及加入 `mx-auto` 類別使網格以水平置中為主。

14：建立 <h1> 標籤作為內容的標題，標題文字為「美髮店 - 預約系統」，並加入 `mb-5` 與 `text-center` 兩類別以調整下方外距的距離及文字改以置中對齊。

15：建立 <form> 標籤，所要加入的類別如下：

(1) action="post"：以 post 方式向來源發送請求。

(2) id="google-sheet"：作為判斷表單是否有點擊 submit 按鈕，若觸發時則執行相關程式使將表單欄位資料傳送至 GAS。

16：建立 <div> 標籤並加入 `mb-3` 類別以調整下方外距的距離，作為填寫欄位間的區隔距離。

17：建立 <label> 標籤作為填寫輸入框的標題，所要加入的類別如下：

(1) for="Date"：與 <input> 輸入框的 name 值作相呼應。

(2) class="`form-label`"：向下距離 0.5rem。

18：建立 <input> 標籤作為輸入框，所要加入的類別如下：

(1) type="Date"：輸入框的型態為日期。

(2) class="`form-control`"：套用輸入框的相關樣式，如寬度、內距、文字尺寸、行高、邊框與文字顏色等。

(3) id="date"：作為此輸入框的唯一名稱，後續會透過 JavaScript 語法取得此輸入框的值。

(4) placeholder="預約日期"：輸入框顯示出的文字，作為填寫上的提示。

(5) name="Date"：與 <label> 的 for 屬性值相呼應，藉此式為一組。

(6) required：必填寫欄位。

20：建立 <div> 標籤並加入 `mb-3` 類別以調整下方外距的距離，作為填寫欄位間的區隔距離。

21：建立 <label> 標籤作為填寫輸入框的標題，所要加入的類別如下：

(1) for="Time"：與 <input> 輸入框的 name 值作相呼應。

(2) class="`form-label`"：向下距離 0.5rem。

22～28：建立 <select> 標籤來建立條件搜尋的下拉式選單，所要加入的類別如下：

(1) class="`form-control`"：套用輸入框的相關樣式，如寬度、內距、文字尺寸、行高、邊框與文字顏色等。

(2) id="time"：作為此輸入框的唯一名稱，後續會透過 JavaScript 語法取得此輸入框的值。

(3) required：必填寫欄位。

23：建立 <option> 標籤，並建置名為「請選擇」的下拉式選單內容，同時 value 屬性為空，表示不做任何選擇。

24：建立 <option> 標籤，並建置名為「10:00~11:00」的下拉式選單內容，同時 value 屬性值為「10:00~11:00」。

25：建立 <option> 標籤，並建置名為「11:00~12:00」的下拉式選單內容，同時 value 屬性值為「11:00~12:00」。

26：建立 <option> 標籤，並建置名為「13:00~14:00」的下拉式選單內容，同時 value 屬性值為「13:00~14:00」。

27：建立 <option> 標籤，並建置名為「14:00~15:00」的下拉式選單內容，同時 value 屬性值為「14:00~15:00」。

30：建立 <div> 標籤並加入 mb-3 類別以調整下方外距的距離，作為填寫欄位間的區隔距離。

31：建立 <label> 標籤作為填寫輸入框的標題，所要加入的類別如下：

(1) for="Name"：與 <input> 輸入框的 name 值作相呼應。

(2) class="form-label"：向下距離 0.5rem。

32：建立 <input> 標籤作為輸入框，所要加入的類別如下：

(1) type="text"：輸入框的型態為文字。

(2) class="form-control"：套用輸入框的相關樣式，如寬度、內距、文字尺寸、行高、邊框與文字顏色等。

(3) id="name"：作為此輸入框的唯一名稱，後續會透過 JavaScript 語法取得此輸入框的值。

(4) placeholder="您的姓名"：輸入框顯示出的文字，作為填寫上的提示。

(5) name="Name"：與 <label> 的 for 屬性值相呼應，藉此式為一組。

(6) required：必填寫欄位。

34：建立 <div> 標籤並加入 mb-3 類別以調整下方外距的距離，作為填寫欄位間的區隔距離。

35：建立 <label> 標籤作為填寫輸入框的標題，所要加入的類別如下：

(1) for="Phone"：與 <input> 輸入框的 name 值作相呼應。

(2) class="form-label"：向下距離 0.5rem。

36：建立 <input> 標籤作為輸入框，所要加入的類別如下：

(1) type="number"：輸入框的型態為數字。

(2) class="form-control"：套用輸入框的相關樣式，如寬度、內距、文字尺寸、行高、邊框與文字顏色等。

(3) id="phone"：作為此輸入框的唯一名稱，後續會透過 JavaScript 語法取得此輸入框的值。

(4) placeholder="您的電話"：輸入框顯示出的文字，作為填寫上的提示。

(5) name="Phone"：與 <label> 的 for 屬性值相呼應，藉此式為一組。

(6) required：必填寫欄位。

38：建立 <div> 標籤並加入 mb-3 類別以調整下方外距的距離，作為填寫欄位間的區隔距離，同時加入 d-block 類別將其顯示方式改為 block。

39：建立 <input> 標籤作為送出表單的按鈕，在 <input> 標籤中所要加入的屬性與類別如下：

(1) type="submit"：輸入框的型態為送出。

(2) value="送出表單"：所顯示的文字。

類別：

(3) btn：套用 Bootstrap 按鈕的基礎樣式。

(4) btn-primary：將按鈕顏色改為藍色。

(5) btn-lg：調整按鈕尺寸。

(6) w-100：按鈕寬度改為 100%。

(7) mt-5：調整上方外距的距離。

45：載入 jQuery 的 CDN 文件。

46：載入自定義的 js 文件。

15.5.2 建立 JS 文件

在 js 文件中，所要執行的動作為監聽送出按鈕是否有被按下，若按下時則會將所有輸入框中的值轉為要傳送的網址，並透過 ajax 的方式將此網址傳給指定位置的 GAS，待 GAS 接收後則會執行新增至 Google 試算表的動作，撰寫程式碼與解說如下：

➤ 檔案來源：ch15- 網頁預約系統 > main.js

```
(01)  var script_url = " 部署為網路應用程式的網址 ";
(02)  $(document).ready(function ($) {
(03)    $("#google-sheet").submit(function (event) {
(04)      $('#date, #time, #name, #phone').prop("disabled", false);
(05)      var date = $("#date").val();
(06)      var time = $("#time").val();
(07)      var name = $("#name").val();
(08)      var phone = $("#phone").val();
(09)      var url = script_url + "?callback=ctrlq&date=" + date + "&time="
+ time + "&name=" + name + "&phone=" + phone + "&action=create";
(10)      var request = $.ajax({
(11)          url: url,
(12)          type: "POST"
(13)      });
(14)      request.done(function (response, textStatus, jqXHR) {
(15)          window.location.reload();
(16)      });
(17)      request.always(function () {
(18)          $('#date, #time, #name, #phone').prop("disabled", true);
(19)      });
(20)      event.preventDefault();
(21)    })
(22)  })
```

◇ 解說

01：宣告名為 script_url 的變數，其值為 線上預約部署為網路應用程式的網址（網址請參閱 15.4 小節）。

02 ～ 22：建立立即函式。

03 ～ 21：監聽 html 中的 form 表單之 submit 按鈕是否有被按下，當被按下時則執行第 4 至第 20 行的內容。

04：將指定輸入框的狀態改為可輸入。

05：宣告名為 date 的變數，其值為 form 表單中的 data 輸入框的值。

06：宣告名為 time 的變數，其值為 form 表單中的 time 輸入框的值。

07：宣告名為 name 的變數，其值為 form 表單中的 name 輸入框的值。

08：宣告名為 phone 的變數，其值為 form 表單中的 phone 輸入框的值。

09：宣告名為 url 的變數，其值為 script_url 加上表單中特定欄位的名稱與值，使串成一段完整網址（名稱與順序需與 Google 試算表中與 GAS 中所要填入的順序相同）。

10 ～ 13：調用 ajax 函式進行傳值，所需屬性說明如下：

　　(1) url：其值為所宣告的 url 變數。

　　(2) type：以 POST 方法向目的地發送請求。

14 ～ 16：當傳送完成後，網頁會重新載入，使剛所填寫的值回復到初始狀態。

17 ～ 19：在傳送過程中總是將指定輸入框的狀態改為不可輸入狀態，避免在未傳送完成時還可修改欄位內容。

20：停止事件的默認動作。

16

網頁上線

◇ 章節說明

此章節為延續第13章至第15章內容，為了將製作好的網頁供團隊或他人使用，因此需將網頁檔案放置網頁空間，其取得相關步驟如下：

(1) 取得專屬網域。

(2) 網頁空間。（必須）

(3) 網頁空間與網域的綁定。

(4) 檔案上傳。（必須）

上述步驟中，專屬網域的申請其實是非必要的，因為申請網頁空間時就會有一組網域，只是該網域並不容易讓瀏覽者產生聯想或記憶。

16.1 申請免費網域

每次在網頁瀏覽器中輸入的「網址」就如同住家地址或電話號碼，使他人可以找到你，同時網址也具備了唯一性。

本章節介紹的網址申請是採用「freenom」網站平台，該平台提供 5 種免費網址的註冊（TK／ML／GA／CF／GQ），其餘網址如 COM／NET／ORG 等都是要付費。且在一組帳號下還可不斷註冊新網址，並不會因為免費而影響多網址管理。

若是測試或玩票性質的架站可參考此網站，進而註冊一個專屬的網址。雖然 Freenom 本身也有經營付費服務，但不代表它會永遠提供免費網址，若您是要長期經營一個網站，筆者建議還是付費選擇自己需要的網域最適當。

STEP 1 前往「freenom」網站。

> 網址：https://www.freenom.com/en/index.html

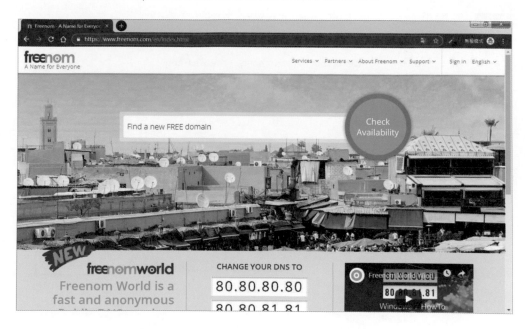

STEP 2 輸入要註冊的「網域名稱」後點擊「Check Availability」按鈕，以檢查輸入網域名稱的可用性。

STEP 3 檢查後，網頁會依據剛才輸入的網域名稱，列出 freenom 網站所提供的 5 種免費國家之被使用狀況。

STEP 4 點擊「.gq」選項中的「Get it now!」按鈕。

Get one of these domains. They are **free!**			
Jackygas **.tk**	●FREE	USD $0.^{00}$	Get it now!
Jackygas **.ml**	●FREE	USD $0.^{00}$	Get it now!
Jackygas **.ga**	●FREE	USD $0.^{00}$	Get it now!
Jackygas **.cf**	●FREE	USD $0.^{00}$	Get it now!
Jackygas **.gq**	●FREE	USD $0.^{00}$	Get it now!

補充說明

多數免費網頁空間會針對某些免費的網域位置有所限制，而本書所採用的「Byethost」網頁空間僅支援「.gq」網域位置。

補充說明

若該網域名稱已被他人註冊，則欄位中會顯示「Not available」。

Get one of these domains. They are **free!**			
jackylu **.tk**	●FREE	USD $0.^{00}$	Get it now!
jackylu **.ml**	●FREE	USD $0.^{00}$	Get it now!
jackylu **.ga**	●FREE	USD $0.^{00}$	Get it now!
jackylu **.cf**	●FREE	USD $0.^{00}$	Get it now!
jackylu **.gq**			✖ Not available

STEP 5 點擊上方的「Checkout」按鈕進行付款。免費網域需支付的費用是 $0 USD。

STEP 6 點選下拉式選單並選擇「12Months @ FREE」（預設為 3 個月免費）。

STEP 7 確認後點擊「Continue」按鈕。

Domain		Period
jackygas.gq	Forward this domain or Use DNS	12 Months @ FREE
		Continue

STEP 8 在結帳頁面須先登入該網站後才可進行結帳，故有二種方式可進行註冊，左側是透過 Email 註冊，右側是透過社群來進行驗證登入。在此點擊「Google 登入」按鈕進行登入。

STEP 9 逐步輸入 Google 的帳號與密碼進行登入。

STEP 10 前往電子郵件查看由 freenom 寄來的信件，並點選紅框內的連結進行確認。

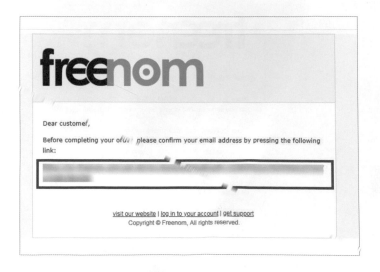

STEP 11 依表單內容輸入相關資料，輸入完畢後點擊「Complete Order」按鈕。

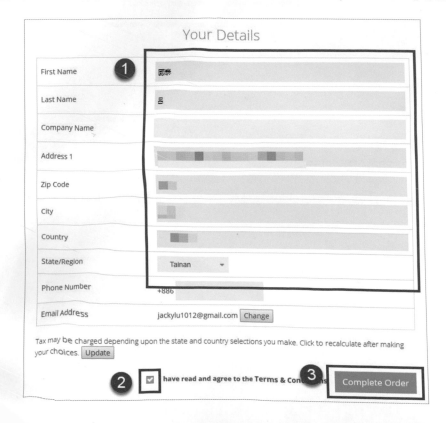

補充說明

註冊成功後，freenom
會寄發註冊成功的信件
至電子信箱。

STEP 12 點選上方選單「Services > My Domains」選項，前往該帳號下的網域
管理頁面。

STEP 13 可看見剛才註冊的網域名稱已啟用。

16.2 申請免費網頁空間

「Byethost」是一個老品牌的虛擬主機，免費版的狀態下提供使用者 1GB 的空間及 50GB 的流量，且完全無廣告，還可綁定自己的專屬網址，並具有 Cpanel 管理後台，透過視覺化的介面來操控虛擬主機。不過免費版的缺點為網路速度有點緩慢。

STEP 1 前往「ByetHost」網站。

> 網址：https://byet.host/

STEP 2 點擊頁面中的「Signup for Free Hosting」按鈕。

STEP 3 在 Signup for Free Hosting（註冊免費託管）頁面中，依據輸入相關資訊，最後點擊「Register」按鈕進行註冊。

STEP 4 網頁跳轉後，出現於頁面中的主要說明為，系統會寄出確認信到註冊的電子信箱中，若 10 分鐘後未收到信件，可點擊連結讓系統重新寄送確認信。

STEP 5　於電子信箱中收取確認信件，並點擊紅框處的連結進行確認動作。

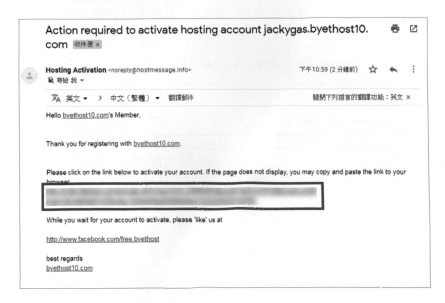

 補充說明

若收件匣中未發現 ByetHost 所寄來的信件，可至「垃圾郵件」中尋找。

STEP 6　等待系統設定。

STEP 7 系統設定完畢後，會自動會寄送一封關於此網站空間的連結網址、帳號、密碼等資訊的信件於電子信箱中，同時網頁也會自動導向到帳號與密碼的頁面。

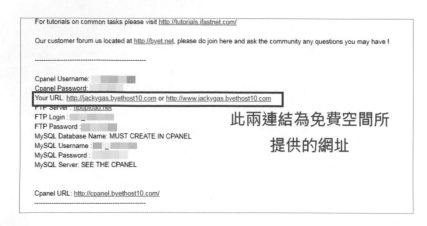

▲ 電子郵件中的信件內容

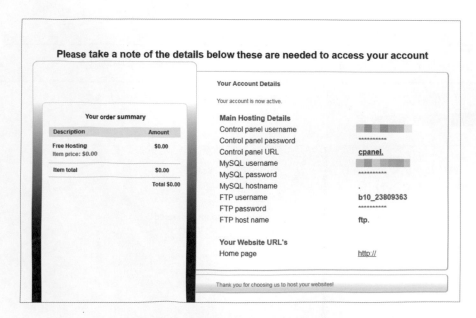

▲ 網頁自動導向到帳號與密碼的頁面

16.3 免費網頁空間與網域的綁定

當有了「專屬網域」與「網頁空間」後,此節將對兩種內容進行綁定,其設定觀念如下:

(1) 在註冊的網域中輸入「Byethost」空間的 DNS / Name servers 資訊。

(2) 在「Byethost」空間設定域名停放(所註冊的網域名稱)。

STEP 1 依據「Byethost」所寄送的帳密資料,登入「Cpanel」。

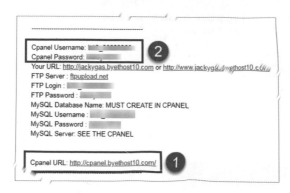

STEP 2 依序輸入帳號與密碼,並選擇 Cpanel 介面語系,最後點擊「Log in」按鈕登入。

STEP 3　第一次登入時，會先詢問您是否同意主機服務商主動通知您有關服務和優惠的訊息變更，主機服務商需要獲得向您寄送電子郵件的權限。點擊「I Approve」按鈕。

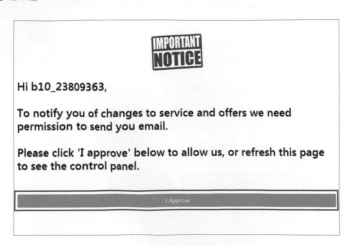

STEP 4　登入成功後的 Cpanel 頁面。

STEP 5 點擊「帳號設定」連結。

STEP 6 頁面資料中的「DNS / Name servers」標題下具有 5 組資訊，此 5 組資訊會用於註冊的網域設定，以進行綁定動作。

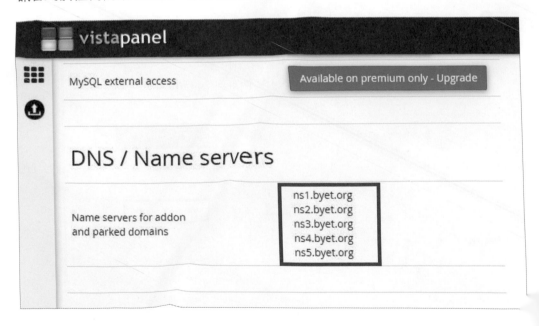

STEP 7 登入 freenom 網頁。

STEP 8 登入後，點擊「Services > My Domains」連結，來前往該頁面。

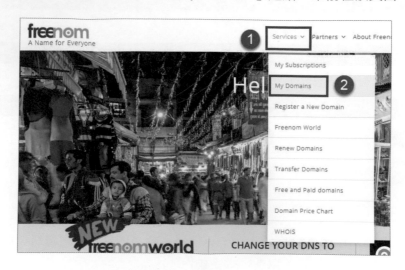

STEP 9 在要綁定的網域選項中點擊「Manage Domain」按鈕。

My Domains
View & manage all the domains you have registered with us from here...

Enter Domain to Find				Filter	

1 Records Found, Page 1 of 1

Domain ⇕	Registration Date ⇕	Expiry date ⇕	Status ⇕	Type ⇕	
jackygas.gq ⧉	22/04/2019	22/04/2020	ACTIVE	Free	Manage Domain ⚙

Results Per Page: 10 ▼

STEP 10 點擊「Management Tools > Nameservers」選項，來前往該頁面。

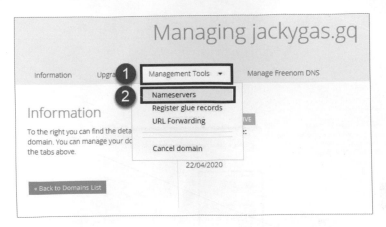

STEP 11 鉤選「Use custom nameservers（enter below）」選項。

Managing jackygas.gq

Information   Upgrade   Management Tools ▼   Manage Freenom DNS

Nameservers

You can change where your domain points to here. Please be aware changes can take up to 24 hours to propogate.

◯ **Use default nameservers (Freenom Nameservers)**

◉ **Use custom nameservers (enter below)**

Nameserver 1

Nameserver 2

Nameserver 3

Nameserver 4

Nameserver 5

Change Nameservers

STEP 12 輸入 Step6 中的 5 組「DNS / Name servers」資訊，再點擊「Change Nameservers」按鈕。

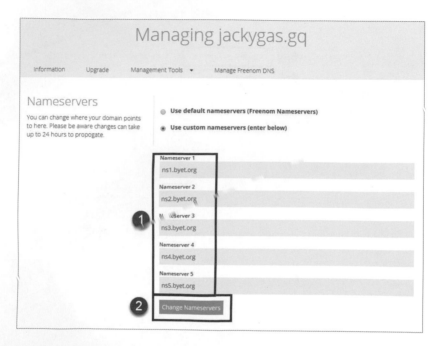

STEP 13 回到 Cpanel 網頁，點擊「別名（域名停放）」連結。

STEP 14 在 Domain Name 選項中輸入要綁定的網址名稱（與 Step9 中所設定的網域要同一個），並點擊「Add Parked Domain」按鈕。

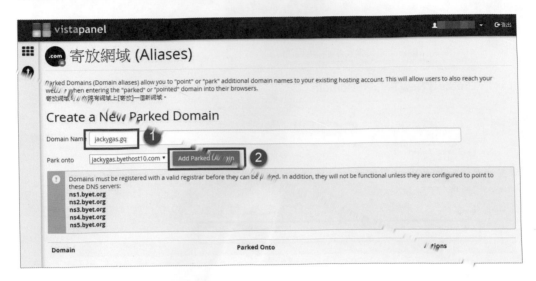

STEP 15 成功完成增加後，點擊「Go Back」按鈕。

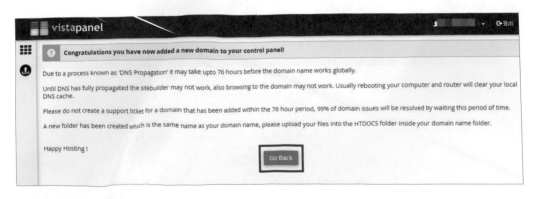

STEP 16 在寄放網域頁面中，可看剛才綁定的域名已成功新增。

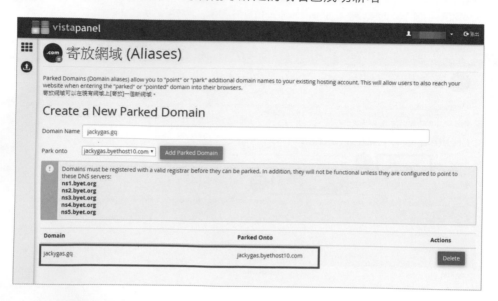

STEP 17 在網頁瀏覽器中輸入自己的「網域」，若出現圖片中的畫面則表示「網域」與「網頁空間」已成功綁定。

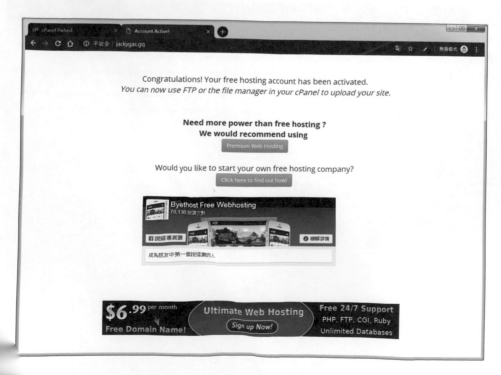

 補充說明

不論是 Name servers 或 DNS 設定完後都不會馬上生效，最長需要等到 48 小時，但一般情況都是一、兩個小時就會完成了。

16.4 網頁 FTP 上傳

當一切準備就緒後，剩餘的就是透過 FTP 將製作好的網頁上傳到網頁空間。

STEP 1 前往「FileZilla」網站。

> 網址：https://filezilla-project.org/

STEP 2 點擊「Download FileZilla Client」按鈕。

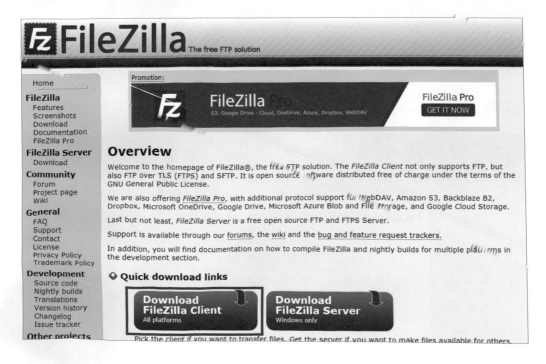

STEP 3 點擊「Download FileZilla Client」按鈕。

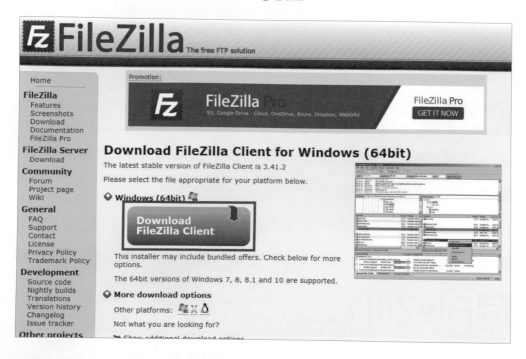

STEP 4 點擊「Download」按鈕。

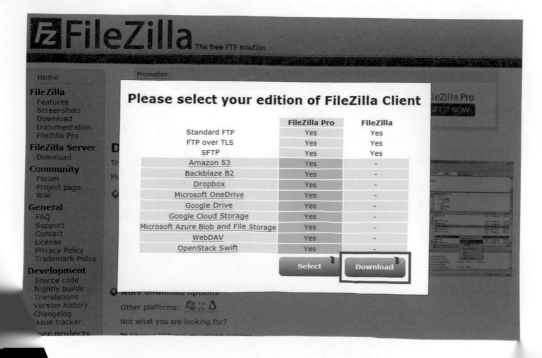

STEP 5 下載完畢後，執行該應用程式進行安裝。

STEP 6 安裝完畢後，依據「Byethost」寄送的帳密資料，於 FileZilla 軟體中，依序輸入相關資訊進行 FTP 登入。

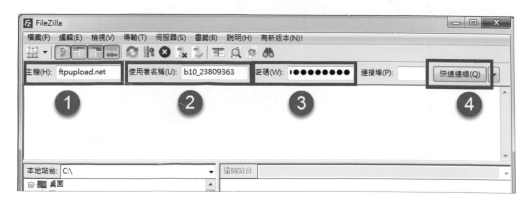

補充說明

FTP 登入資料除了於「Byethost」寄的信件中得之外，還可從 Cpanel 網頁中得知。

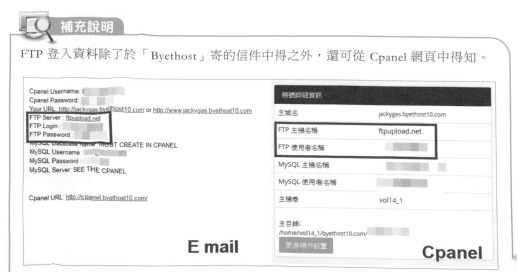

STEP 7 成功登入後，於左側視窗中（本地站台）前往要上傳資料的路徑位置。

STEP 8 在右側視窗中（遠端站台），點擊「htdocs」資料夾並進入該資料夾。

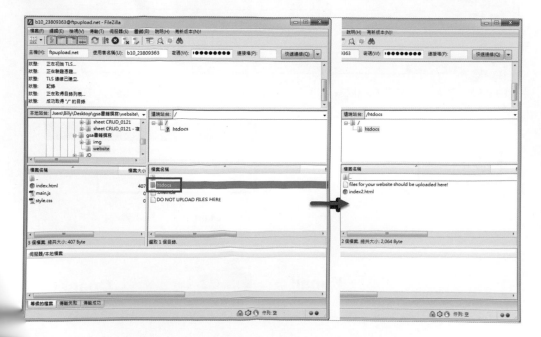

STEP 9 選取「htdocs」資料夾中的兩個檔案，點擊「滑鼠右鍵 > 刪除」。

STEP 10 點擊「是（Y）」按鈕來確認刪除資料。

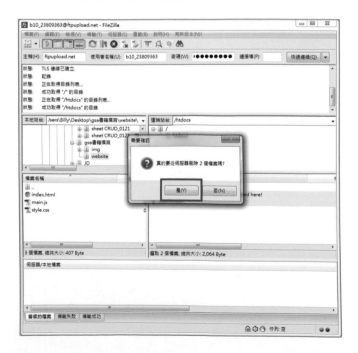

STEP 11　選取左側視窗（本地站台）中的所有資料，點擊「滑鼠右鍵 > 上傳」。

STEP 12　上傳完畢後，於左側視窗（遠端站台）中可看到上傳的檔案。

STEP 13 輸入「網域名稱」。若網頁畫面為上傳的網頁畫面表示成功了。爾後就可直接將此網域告知他人來瀏覽你的網頁。

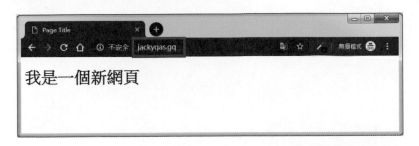

我是一個新網頁

Note

Google Apps Script 雲端自動化與
動態網頁實戰(第二版)

作　　者：呂國泰 / 王榕藝
企劃編輯：王建賀
文字編輯：江雅鈴
設計裝幀：張寶莉
發 行 人：廖文良

發 行 所：碁峰資訊股份有限公司
地　　址：台北市南港區三重路 66 號 7 樓之 6
電　　話：(02)2788-2408
傳　　真：(02)8192-4433
網　　站：www.gotop.com.tw
書　　號：ACU084300
版　　次：2022 年 05 月二版
建議售價：NT$580

國家圖書館出版品預行編目資料

Google Apps Script 雲端自動化與動態網頁實戰 / 呂國泰, 王榕藝
　著. -- 二版. -- 臺北市：碁峰資訊, 2022.05
　　面；　公分
　ISBN 978-626-324-144-2(平裝)
　1.CST：雲端運算　2.CST：電腦程式　3.CST：網頁設計
312.136　　　　　　　　　　　　　　　　　111004668

讀者服務

● 感謝您購買碁峰圖書，如果您
　對本書的內容或表達上有不清
　楚的地方或其他建議，請至碁
　峰網站：「聯絡我們」\「圖書問
　題」留下您所購買之書籍及問
　題。(請註明購買書籍之書號及
　書名，以及問題頁數，以便能
　儘快為您處理)
　http://www.gotop.com.tw

● 售後服務僅限書籍本身內容，
　若是軟、硬體問題，請您直接
　與軟體廠商聯絡。

● 若於購買書籍後發現有破損、
　缺頁、裝訂錯誤之問題，請直
　接將書寄回更換，並註明您的
　姓名、連絡電話及地址，將有
　專人與您連絡補寄商品。